電験3種
合格への道

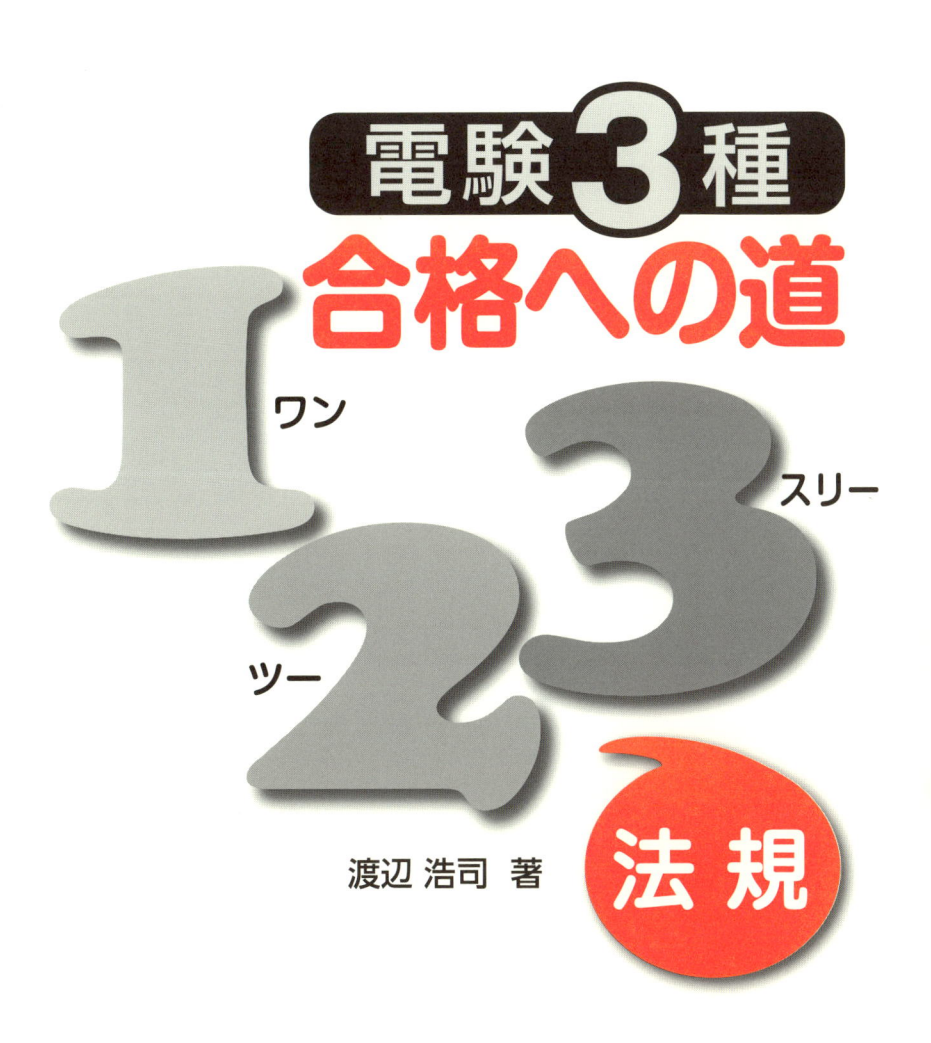

1 2 3
ワン ツー スリー

法規

渡辺 浩司 著

電気書院

＊本書記述の注意点
法令の条文…本書は電験の初学者向けの参考書ですから，難しい表現をできるだけ避けるようにしました．しかし，あえて，どの法令の何条で規定されているかを記載しています．勉強を進めていくと，法令の原文で確認したい場面に遭遇します．そのときの手引きとなるように何条かを記載しました．したがって，丸暗記が必要なものではないので，安心してください．また，本書での記述は法令を原文どおり引用せず，適宜表現を変えています．原文どおりでは難解な記述がありますので，趣旨を逸脱しない範囲で解りやすいように記述しました．

はじめに

　電気主任技術者試験（以下 "電験"）は，多くの電気技術者が目標とする国家資格です．その理由は，この資格には求人需要が多く，また，合格者は一目置かれるということがありますが，それと同時に，勉強する過程で電気の知識を深めることができるからです．電験は，基礎的な知識と最新の技術動向を問うものがバランス良く出題されており，試験勉強しながら業務に関連する知識を広く深く身に付けることができます．この点においては，数多い国家試験の中でも際立っていると言えます．

　とくに電験3種は，電気の基礎と電気設備に関する身近な事柄を中心に出題されており，電気技術者として必須の知識が問われます．したがって，「電験1種・2種合格者でも，電験3種の範囲の知識が欠落していると市井の電気技術者として役に立たない」と言っても過言ではありません．

　電験3種の科目の中で，"法規" は電気に関する "法律の知識" と "専門的な計算力" が問われます．つまり，文系的な能力と理系的な能力が同時に試されるという特徴をもっており，「他の科目は得意だが，法規が苦手」という人も多いです．しかし，法規は多数の人に共通する解釈がされており，国家試験においては難問奇問が少ないです．また，"理論""電力""機械" の知識をベースとした出題が多く，他の科目の勉強が "法規" の試験にも役立つという特徴もあり，勉強のコツをつかめば合格点を取りやすい科目です．

　計算問題では，できる限り図を用いて解説しました．図を描くことにより理解度と解法の記憶力が高まりますので，皆さんも，是非，図を描いて解答し，イメージと一緒に解答方法を覚えてください．

　本書が皆さんの試験合格に役立つことを願ってやみません．最後に，本書の執筆では，元㈱メイエレックの竹上恒雄博士に校正と問題点の発見にご協力をいただきました．この場を借りて，心からの感謝を申し上げます．

　2013年8月　　　　　　　　　　　　　　　　　　　　　　　渡辺　浩司

本書の特長

本書は，はじめて電験を受験される方など初学者向けのテキストです．「法規」に含まれる内容を，法令や計算問題の種類により6つのテーマ，6章に大別し，各章を3～5 Lessonに分けました．さらに，各Lessonのなかを次のように構成しています．

○ **STEP0　事前に知っておくべき事項**
　そのLessonを勉強するにあたって，知っておいた方がよい予備知識を簡単にまとめています．Lessonの勉強の最初にご一読ください．

○ **覚えるべき重要ポイント**
　そのLessonでの特に重要な事項，覚えるべき重要なポイントをまとめています．STEP1，STEP2の学習をひと通り終えたら，そのLessonのキーワードや公式を覚えているかチェックするのに活用できます．

○ **STEP1，STEP2**
　試験に出題される要点を解説しています．各STEPのあとに練習問題を配し，そのSTEPでの内容を理解したか確認できるようになっています．
　STEP1，STEP2に分けましたが，難易度の違いではなく，STEP1を学習した後にSTEP2を勉強した方が理解しやすいため階段を上がるように段階を踏んで学習が進められるようになっています．
　重要な語句や公式については赤字になっているので付属の赤シートで要点を理解できたかチェックしながら進めましょう．

○ **練習問題**
　穴埋め問題や計算問題など各STEPで学んだ内容が理解できているか確認しましょう．

○ **STEP3**
　各章の総まとめとして，Lessonをまたがった問題やB問題相当のレベルの問題を用意しました．

試験概要

○ **試験科目**

表に示す4科目について行われます．

科目	試験時間	出題内容	解答数
理論	90分	電気理論，電子理論，電気計測，電子計測	A問題14問 B問題3問*
電力	90分	発電所および変電所の設計および運転，送電線路および配電線路（屋内配線を含む）の設計および運用，電気材料	A問題14問 B問題3問
機械	90分	電気機器，パワーエレクトロニクス，電動機応用，照明，電熱，電気化学，電気加工，自動制御，メカトロニクス，電力システムに関する情報伝送および処理	A問題14問 B問題3問*
法規	65分	電気法規（保安に関するものに限る），電気施設管理	A問題10問 B問題3問

*理論・機械のB問題は選択問題1問を含む

○ **出題形式**

A問題とB問題で構成されており，マークシートに記入する多肢選択式の試験です．A問題は，一つの問に対して一つを解答，B問題は，一つの問の中に小問が二つ設けられ，小問について一つを解答する形式です．

○ **試験実施時期**

毎年9月上旬

○ **受験申込みの受付時期**

平成25年は，郵便受付が5月中旬～6月上旬，インターネット受付が5月中旬～6月中旬です．

試験概要

○科目合格制度

　試験は科目ごとに合否が決定され，4科目すべてに合格すれば第3種電気主任技術者試験に合格したことになります．一部の科目のみ合格した場合は，科目合格となり，翌年度および翌々年度の試験では，申請により合格している科目の試験が免除されます．つまり，3年以内に4科目合格すれば，第3種電気主任技術者合格となります．

○受験資格

　受験資格に制限はありません．どなたでも受験できます．

○受験手数料（平成25年）

　郵便受付の場合5,200円，インターネット受付の場合4,850円です．

○試験結果の発表

　例年，10月中旬にインターネット等にて合格発表され，下旬に通知書が全受験者に発送されています．

　詳細は，受験案内もしくは，一般財団法人　電気技術者試験センターにてご確認ください．

もくじ

第1章 電気事業法・電気工事士法・電気用品安全法 … 1
- Lesson 1 電気需要設備の保安，法規・法令とは ……………… 2
- Lesson 2 電気工作物の定義・区分 …………………………… 8
- Lesson 3 電気事業法 ………………………………………… 14
- Lesson 4 電気工事士法 ……………………………………… 22
- Lesson 5 電気用品安全法 …………………………………… 26

第2章 電気設備技術基準 ……………………………………… 33
- Lesson 1 用語の定義，電圧の種別，保安原則（電技第1章）… 34
- Lesson 2 電気の供給のための電気設備の施設（電技第2章）… 42
- Lesson 3 電気使用場所の施設（電技第3章）……………… 48

第3章 電気設備技術基準の解釈 ……………………………… 57
- Lesson 1 総則（電技解釈第1章）…………………………… 58
- Lesson 2 発電所等（電技解釈第2章）と風力発電技術基準 … 73
- Lesson 3 電線路（電技解釈第3章）………………………… 80
- Lesson 4 電気使用場所の施設，分散電源の系統連系設備
  （電技解釈第5章，第8章）………………………… 87

第4章 電気法令の計算 ……………………………………… 105
- Lesson 1 電路の絶縁抵抗と絶縁耐力 ……………………… 106
- Lesson 2 接地工事に関する計算問題 ……………………… 110
- Lesson 3 風圧荷重と電線のたるみに関する計算問題 …… 115
- Lesson 4 支線の強度に関する計算問題 …………………… 119

第5章 電気施設管理 ………………………………………… 129
- Lesson 1 高圧受電設備の保護装置・保護協調 …………… 130
- Lesson 2 高圧受電設備の点検・保守 ……………………… 135
- Lesson 3 高調波が電気機器に与える影響 ………………… 140

第6章 施設管理に関する計算 ……………………………… 147
- Lesson 1 需要率・負荷率・不等率 ………………………… 148
- Lesson 2 日負荷曲線と負荷持続曲線 ……………………… 152

Lesson 3　力率改善とコンデンサ ……………………………… 155
Lesson 4　水力発電所の運用 ………………………………… 160
Lesson 5　変圧器の損失と効率 ……………………………… 164

総合問題の解答・解説……………………………………170
索引……………………………………………………191

第1章
電気事業法・電気工事士法・電気用品安全法

第1章 Lesson 1 電気需要設備の保安，法規・法令とは

STEP 0 事前に知っておくべき事項

- 電気主任技術者の仕事は，電気設備の保安の監督であり，保安に関する法令を理解しておくことが必須です．そのため，電気需要設備の保安について，冒頭で解説します．

- 電気は，これを利用することで人々の生活環境を飛躍的に向上させましたが，使用方法を誤れば，感電，火災を引き起こす大変危険なものです．そのため，電気を安全に利用できるよう，法令で規制しています．

覚えるべき重要ポイント

- 電気需要設備の保安について規定しているのが「**電気事業法**」，「**電気工事士法**」，「**電気用品安全法**」であり，電験3種にはこの3法が頻繁に出題されています．また，「電気工事士法」と一体をなす法律として「電気工事業の業務の適正化に関する法律（通称：電気工事業法）」があり，これら四つの法律は「電気保安四法」と呼ばれています．

- 「電気保安四法」は，電気を安全に使用するために制定された法律であり，電気設備の区分，規模に応じて適用されます（第1.1図，第1.1表参照）．

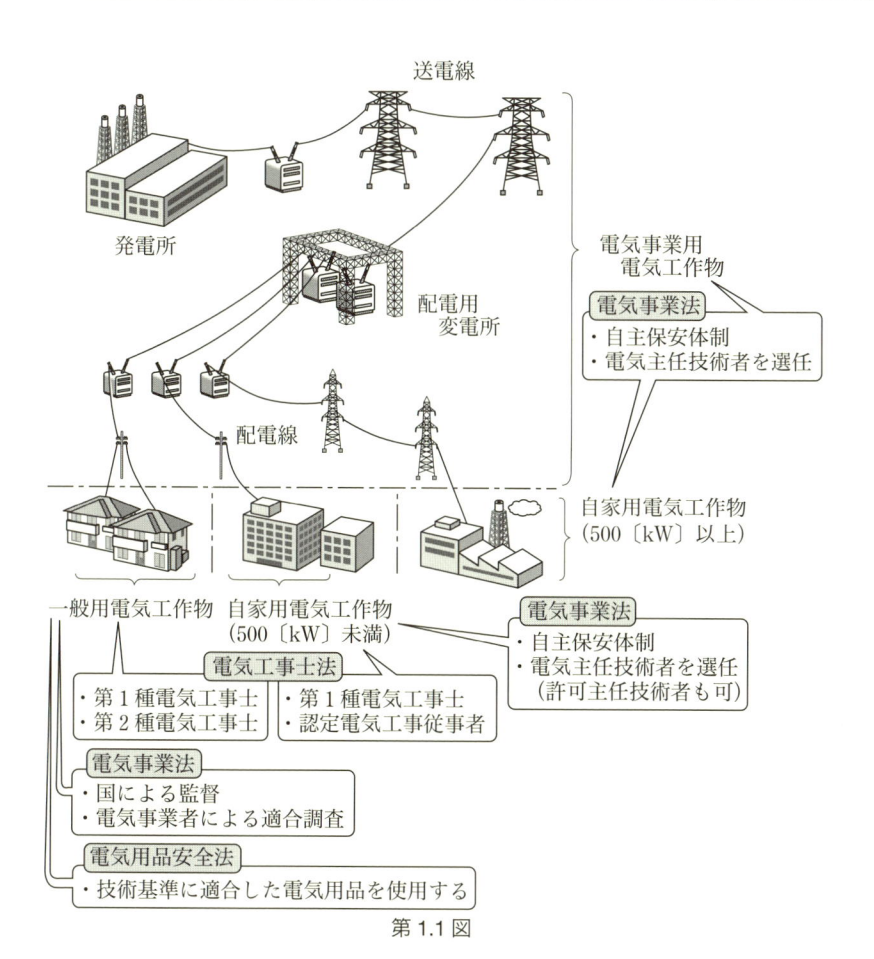

Lesson 1　電気需要設備の保安，法規・法令とは

送電線

発電所

配電用変電所

配電線

電気事業用電気工作物
電気事業法
・自主保安体制
・電気主任技術者を選任

自家用電気工作物
（500〔kW〕以上）

一般用電気工作物　自家用電気工作物
　　　　　　　　　（500〔kW〕未満）

電気事業法
・自主保安体制
・電気主任技術者を選任
　（許可主任技術者も可）

電気工事士法
・第1種電気工事士　　・第1種電気工事士
・第2種電気工事士　　・認定電気工事従事者

電気事業法
・国による監督
・電気事業者による適合調査

電気用品安全法
・技術基準に適合した電気用品を使用する

第1.1図

① 電気事業法・電気工事士法・電気用品安全法

第1.1表　電気設備に適用される法規

法規 \ 電気設備		一般用電気工作物	自家用電気工作物	
			500〔kW〕未満の需要設備	500〔kW〕以上の需要設備
電気事業法	保安体制	国による監督	電気設備設置者による自主保安体制	
		電気供給者による適合調査	免状を持つ者から電気主任技術者を選任	
			許可主任技術者でも可	
	電気設備技術基準の遵守義務	電気工事士（電気工事士法で規定）	電気工作物の設置者	
電気工事士法	電気工事に従事する者の資格	第1種電気工事士	第1種電気工事士	
		第2種電気工事士	600〔V〕以下は認定電気工事従事者でも可	
電気工事業法	工事業者の登録	一つの都道府県でのみで事業を営む場合は都道府県知事の登録，二つ以上の都道府県で事業を営む場合は経済産業大臣の登録を受ける		
電気用品安全法	電気用品の定義	一般用電気工作物に用いられる機械，器具，材料をいう	左記を自家用電気工作物で使用する物をいう	
		政令で定める携帯発電機，蓄電池		
	適合品の使用	電気用品を使用する場合は適合品を使用せねばならない		

STEP 1

(1) 自家用電気工作物（500〔kW〕以上），電気事業用電気工作物の保安

　自家用電気工作物(注)の保安は，電気設備設置者による自主保安体制を基本としています．事業用電気工作物（自家用電気工作物が含まれる）を設置する者は，事業用電気工作物の工事，維持および運用に関する保安を確保するため，保安規程を定め，使用の開始前に経済産業大臣に届け出なければなりません（電気事業法第42条）．

　また，事業用電気工作物を設置する者は，事業用電気工作物の工事，維持

および運用に関する保安の監督をさせるため，主任技術者免状の交付を受けている者のうちから，主任技術者を選任しなければなりません（電気事業法第 43 条）．

　（注）電気工作物の分類（自家用電気工作物，一般用電気工作物，事業用電気工作物の定義）については，Lesson 2 で解説します．

(2) 自家用電気工作物（500〔kW〕未満）の保安

　自家用電気工作物（500〔kW〕未満の需要設備）は，一般用電気設備に近い自家用電気工作物として，主任技術者選任の条件が緩やかである反面，電気工事に従事する者の資格を厳格に定めています．500〔kW〕以上の自家用電気工作物とは次の点が異なります．

・主任技術者免状の交付を受けていない者を主任技術者（許可主任技術者）として選任できる（電気事業法第 43 条 2 項）

・第 1 種電気工事士でなければ，自家用電気工作物（500〔kW〕未満需要設備）に係る電気工事（簡易電気工事を除く）の作業に従事してはならない（電気工事士法第 3 条）

(3) 一般用電気工作物の保安

　一般用電気工作物は，電気の専門知識を持たない人も所有するものであり，設置，運用に当たっては，所有者，占有者が自主的な保安をするのは困難です．そのため，次のことが法令で定められています．

・電気供給者は，一般用電気工作物が技術基準に適合しているか調査しなければならない（電気事業法第 57 条）

・経済産業大臣は，一般用電気工作物が経済産業省令で定める技術基準に適合していないと認めるときは，その所有者または占有者に対し，適合するように電気工作物を修理，改造，移転させること，使用を一時停止させること，使用を制限することができる（電気事業法第 56 条）

・第 1 種電気工事士または第 2 種電気工事士でなければ，一般用電気工作物に係る電気工事の作業に従事してはならない（電気工事士法第 3 条 2 項）

・一般用電気工作物の部分となり，またはこれに接続して用いられる機械，器具または材料で，政令で定めるものは「電気用品」として，製造，販売を規制している（電気用品安全法第 1 条・第 2 条）

① 電気事業法・電気工事士法・電気用品安全法

> **練習問題**
> 次の文章は，「電気事業法」に関する記述である．(ア)〜(オ)に当てはまる語句を埋めよ．
> 電気供給者は，電気を使用する一般用電気工作物が (ア) に適合しているかどうか (イ) をしなければならない．ただし，その一般用電気工作物の設置の場所に立ち入ることにつき，その (ウ) または (エ) の承諾を得ることができないときは，この限りでない．
> 電気供給者は，上記の (イ) の結果，一般用電気工作物が (ア) に適合していないと認めるときは，遅滞なく，その (ア) に適合するようにするためとるべき措置およびその措置をとらなかった場合に生ずべき (オ) をその (ウ) または (エ) に通知しなければならない．

【解答】 (ア) 技術基準，(イ) 調査，(ウ) 所有者，(エ) 占有者，(オ) 結果
【ヒント】 電気事業法第57条

STEP 2

法規・法令とは

電験（法規）の勉強をするうえで，法令の上下関係を把握しておくと理解がしやすいので解説しておきます．法律，命令を総称したものを，法規または法令といいます（第1.2図参照）．

(1) **法律**

国会で制定された規範です．電気事業法，電気工事士法，電気工事業法，電気用品安全法などがあります．

(2) **命令**

政令，省令，条例の総称です．各法律を実施するための具体的な決めごとが規定されています．

① 政令（施行令）

法律の規定を実施するための詳細事項を内閣が制定するものです．閣議を経て制定されるため，命令の中でも上位に位置します．電気事業法施行令，電気工事士法施行令，電気用品安全法施行令などがあります．

② 省令（施行規則）

法律の規定を実施するための具体的事項を各省の大臣が制定するものです．電気事業法施行規則，電気工事士法施行規則，電気設備技術基準（電気設備に関する技術基準を定める省令），電気関係報告規則などがあります．

③ 条例

法律の範囲内で，地方公共団体が議会の議決により制定したものです．

(3) **解釈**

1990年代以後，規制緩和が進められるなかで，従来は法規制により規定されていたことが民間の判断・対応に委ねられるようになりました．しかし，民間におけるすべての者が適切な判断をすることは困難です．そこで，法令に適合する目安として，"解釈"を提示することがあります．

電気の分野では，「電気設備技術基準の解釈」があります．

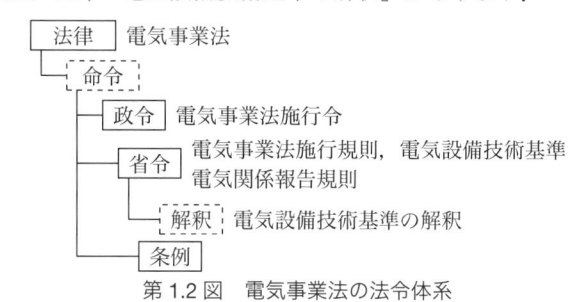

```
法律 ─ 電気事業法
 └ 命令
    ├ 政令 ─ 電気事業法施行令
    ├ 省令 ─ 電気事業法施行規則，電気設備技術基準
    │       電気関係報告規則
    ├ 解釈 ─ 電気設備技術基準の解釈
    └ 条例
```

第1.2図 電気事業法の法令体系

第1章 2 Lesson 電気工作物の定義・区分

覚えるべき重要ポイント

- 発電，変電，送電，配電または電気の使用のために設置する機械，器具，電線路等を電気工作物といいます．
- 30〔V〕未満の電気設備（かつ30〔V〕以上の電気工作物に電気的に接続されていないもの），船舶，車両（鉄道車両および自動車），航空機に設置するものは電気工作物から除かれます．
- 600〔V〕以下で受電し，受電の場所と同一の構内で，その受電電力を使用するための電気工作物を一般用電気工作物といいます．
- 事業用電気工作物とは，一般用電気工作物以外の電気工作物です．事業用電気工作物は，電気事業の用に供する電気工作物と自家用電気工作物に分けられます．

STEP 1

(1) 電気工作物の分類

　発電，変電，送電，配電または電気の使用のために設置する機械，器具，ダム，水路，貯水池，電線路その他を電気工作物といいます．なお，船舶，車両（鉄道車両および自動車），航空機に設置するもの，電圧30〔V〕未満であって電圧30〔V〕以上の電気設備と電気的に接続されていないものは，電気工作物に含まれません（電気事業法第2条，電気事業法施行令第1条）（第1.3図参照）．

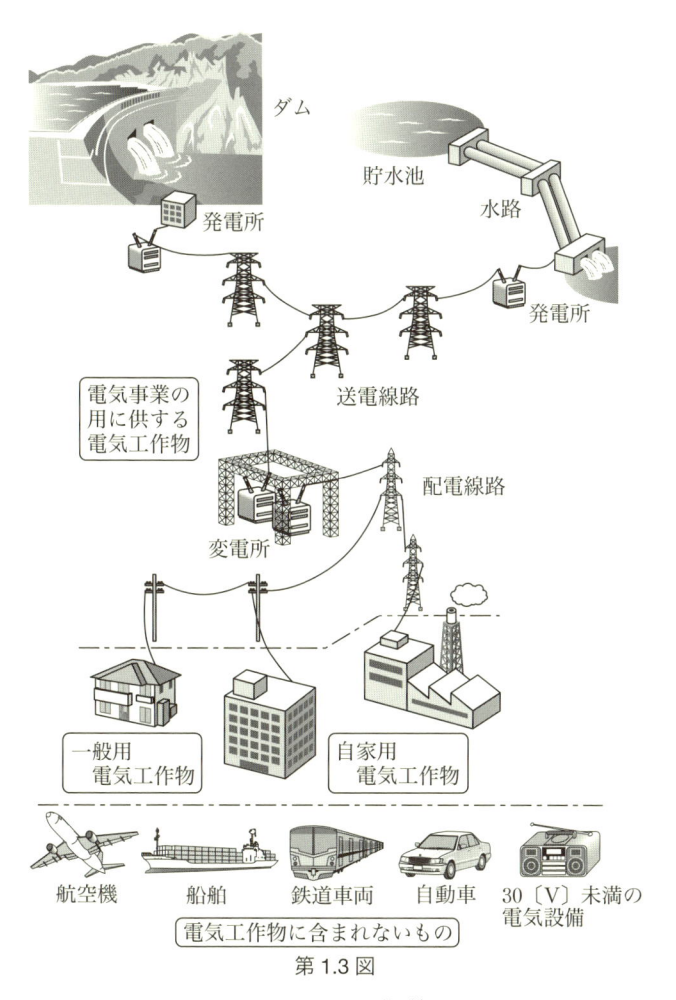

Lesson 2 電気工作物の定義・区分

① 電気事業法・電気工事士法・電気用品安全法

ダム
貯水池
発電所
水路
発電所
電気事業の用に供する電気工作物
送電線路
変電所
配電線路
一般用電気工作物
自家用電気工作物
航空機　船舶　鉄道車両　自動車　30〔V〕未満の電気設備
電気工作物に含まれないもの
第1.3図

　電気工作物には，一般家庭の電気器具や配線といった小規模なものから，電力会社の送電線や発電機のように高電圧，大容量のものまであり，同一の基準で保安することができません．そのため，設備の用途，電圧，構造，設置場所により区分されており，区分に応じた保安体制をとることが定められています．

9

```
電気工作物
├─ 一般用電気工作物
└─ 事業用電気工作物
    ├─ 電気事業の用に供する電気工作物
    └─ 自家用電気工作物
```
第1.4図　電気工作物の区分

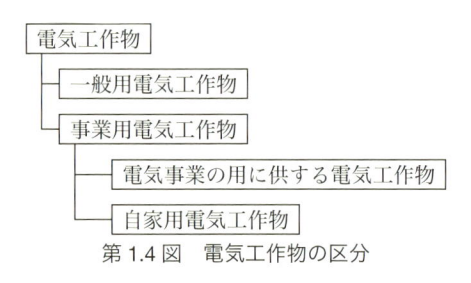

電気工作物は，第1.4図のように分類されており，電気事業法第38条，電気事業法施行規則第48条で定義されています．

(2) 一般用電気工作物

次の(a)(b)に該当する電気工作物を一般用電気工作物といいます．

(a) 600〔V〕以下で受電し，受電の場所と同一の構内で，その受電電力を使用するための電気工作物

(b) 構内に設置し，構内の負荷にのみ電気を供給する小出力発電設備

　（小出力発電設備とは次のものです）

　(i)　出力50〔kW〕未満の太陽光発電設備

　(ii)　出力20〔kW〕未満の風力発電設備，水力発電設備（ダムを伴うものを除く）

　(iii)　出力10〔kW〕未満の内燃力を原動力とする火力発電設備，燃料電池発電設備（固体高分子形，固体酸化物形）

　(iv)　(i)〜(iii)を組み合わせた場合は，(i)〜(iii)を満たし，かつ，出力の合計が50〔kW〕未満の発電設備

※(a)(b)のいずれであっても，爆発性もしくは引火性の物が存在することによる事故が発生するおそれが多い場所に設置される電気工作物は，一般用電気工作物から除かれます．

(3) 事業用電気工作物

事業用電気工作物とは，一般用電気工作物以外の電気工作物です．事業用電気工作物は，電気事業の用に供する電気工作物（一般的に"電気事業用電気工作物"と略する）と自家用電気工作物に分けられます．

Lesson 2 電気工作物の定義・区分

練習問題

次の文章は「電気事業法」「電気事業法施行規則」に関するものである．(ア)～(キ)に当てはまる語句を埋めよ．

1. 次に掲げる電気工作物は，一般用電気工作物に区分されている．
   ① 一般電気事業者から ア (V) 以下の電圧で受電し，その受電の場所と同一の構内においてその受電に係る電気を使用するための電気工作物．
   ② 構内に設置し，構内の負荷にのみ電気を供給する イ 発電設備であり，次に該当するもの．
   - 太陽電池発電設備であって，出力 ウ (kW) 未満のもの．
   - 風力発電設備，水力発電設備であって，出力 エ (kW) 未満のもの．
   - 内燃力を原動力とする火力発電設備，燃料電池発電設備であって，出力 10 (kW) 未満のもの．
2. 事業用電気工作物とは オ 電気工作物以外の電気工作物をいう．
3. カ 電気工作物とは，電気事業の用に供する電気工作物および一般用電気工作物以外の電気工作物をいう．
4. 電圧 キ (V) 未満であって電圧 キ (V) 以上の電気設備と電気的に接続されていないものは，電気工作物に含まれない．

【解答】 (ア) 600, (イ) 小出力, (ウ) 50, (エ) 20, (オ) 一般用, (カ) 自家用, (キ) 30

【ヒント】
1. 電気事業法第38条，電気事業法施行規則第48条
2. 電気事業法第38条第3項
3. 電気事業法第38条第4項
4. 電気事業法施行令第1条

STEP 2
自家用電気工作物

電験3種に合格して主任技術者として従事する設備の大半が自家用電気工作物ですから，自家用電気工作物について整理しておきます．自家用電気工

作物は，一般用電気工作物ではなく，電気事業用電気工作物でもない電気工作物であり，次のいずれかに該当するものです．
- 600〔V〕超（つまり，高圧または特別高圧）で受電する電気工作物
- 構外にわたる電気工作物
- 出力 50〔kW〕以上の太陽光発電設備
- 出力 20〔kW〕以上の風力発電設備
- 出力 20〔kW〕以上の水力発電設備
- 出力 10〔kW〕以上の燃料電池発電設備
- 電気的に接続された発電設備の出力の合計が 50〔kW〕以上のもの
- 火薬類（煙火を除く）を製造する事業所の電気工作物
- 石炭坑の電気工作物
- ボイラー式の発電設備，ダム式の水力発電設備

※燃料電池発電設備のうち，燃料・改質系統設備の最高使用圧力が 0.1〔MPa〕以上（液体燃料を通ずる部分は 1.0〔MPa〕以上）のもの，りん酸形，溶融炭酸塩形は，出力の大小に関わりなく自家用電気工作物である．

※水力発電設備のうち最大使用水量 1〔m³/s〕以上のものは自家用電気工作物である．

練習問題

次の文章は「電気事業法」「電気事業法施行規則」に関するものである．誤っているのは次のうちどれか．

(1) 出力 40〔kW〕の太陽光発電設備と，出力 15〔kW〕の風力発電設備を有する電気設備は，一般用電気工作物である．

(2) 大量の火薬を保管する構内で，200〔V〕で受電する電気設備は自家用電気工作物である．

(3) 出力 9〔kW〕のりん酸形発電設備は自家用電気工作物である．

(4) 200〔V〕で受電し構外の負荷と電気的に接続されている電気工作物は，自家用電気工作物である．

(5) 6.6〔kV〕で受電し，発電設備を有せず，構内のみで電気を使用する電気工作物は事業用電気工作物である．

【解答】 (1), (2)

【ヒント】　(1)　出力の合計が50〔kW〕以上の発電設備は自家用電気工作物
　　　　　(2)　火薬を製造していないので一般用電気工作物でよい
　　　　　(5)　自家用電気工作物であり，事業用電気工作物に含まれる（電気事業法施行規則第48条）

第1章 Lesson 3 電気事業法

STEP 0 事前に知っておくべき事項

- 電気法規のうち基本となるものが「電気事業法」です．
- 「電気事業法」を中心として，「電気工事士法」，「電気用品安全法」などの法律が制定されています．

覚えるべき重要ポイント

- 「電気事業法」は，電気事業の運営と，電気工作物の保安（電気供給設備および電気需要設備の安全の確保）の両面について規定している法律です．
- 事業用電気工作物を設置する者は，保安規程を定め，電気工作物の使用の開始前に，経済産業大臣に届け出なければなりません．
- 事業用電気工作物の工事，維持および運用に関する保安の監督が，電気主任技術者の職務です．

STEP 1

(1) 電気事業法の目的

電気事業法第1条で"目的"として，次のように規定されています．

・電気事業を適正かつ合理的に運営する．
・電気の使用者の利益を保護し，および電気事業の健全な発達を図る．
・電気工作物の工事，維持および運用を規制することによって，公共の安全を確保し，環境の保全を図る．

Lesson 3　電気事業法

①電気事業法・電気工事士法・電気用品安全法

電気事業
・適切かつ合理的に運営する
・健全な発達を図る

電気設備の工事
　　〃　　維持
　　〃　　運用
・規制することにより
　公共の安全を確保し，環境の保全を図る

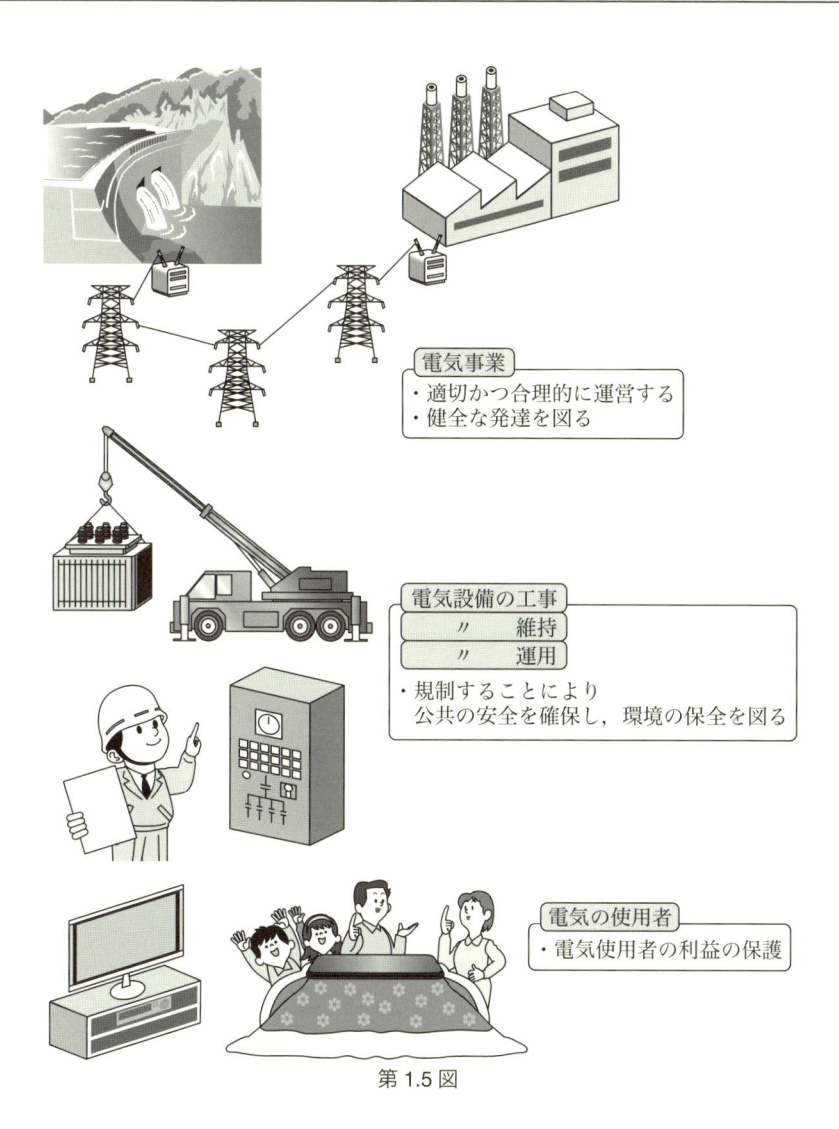

電気の使用者
・電気使用者の利益の保護

第1.5図

(2) 保安規程

第 1.6 図

　事業用電気工作物の保安は，"技術基準への適合"と"自主的な保安"が二つの柱であり，自主的な保安を行うための"保安規程"に関して次のことが事業用電気工作物設置者に義務付けられています（電気事業法第 42 条）．

・事業用電気工作物を設置する者は，事業用電気工作物の工事，維持および運用に関する保安を確保するため，保安規程を定め，電気工作物の使用の開始前に，経済産業大臣に届け出なければならない．

・事業用電気工作物を設置する者は，保安規程を変更したときは，遅滞なく，変更した事項を経済産業大臣に届け出なければならない．

・事業用電気工作物を設置する者およびその従業者は，保安規程を守らなければならない．

　また，"事業用電気工作物の保安規程"においては，次の事項を定めることになっています（電気事業法施行規則第 50 条第 3 項）．

・事業用電気工作物の工事，維持または運用に関する業務を管理する者の職務および，組織に関すること．

・事業用電気工作物の工事，維持または運用に従事する者に対する保安教育に関すること．

・事業用電気工作物の工事，維持および運用に関する保安のための巡視，点

検および検査に関すること．
- 事業用電気工作物の運転または操作に関すること．
- 事業用電気工作物の工事，維持および運用に関する保安についての記録に関すること．
- 災害その他非常の場合に採るべき措置に関すること．

(3) **電気主任技術者の選任**

電気事業法第43条で"主任技術者"について，次のように定めています．
- 事業用電気工作物を設置する者は，事業用電気工作物の工事，維持および運用に関する保安の監督をさせるため，主任技術者免状の交付を受けている者のうちから，主任技術者を選任しなければならない．
- 自家用電気工作物（500〔kW〕未満の需要設備等）を設置する者は，経済産業大臣の許可を受けて，主任技術者免状の交付を受けていない者を主任技術者（許可主任技術者）として選任することができる．
- 事業用電気工作物を設置する者は，主任技術者を選任したときは，遅滞なく，その旨を経済産業大臣に届け出なければならない．解任したときも，同様とする．
- 主任技術者は，事業用電気工作物の工事，維持および運用に関する保安の監督の職務を誠実に行わなければならない．
- 事業用電気工作物の工事，維持または運用に従事する者は，主任技術者がその保安のためにする指示に従わなければならない．

電気主任技術者の免状には，第1種から第3種までがあり，その保安の監督をすることができる範囲を電気事業法施行規則第56条で定めています（第1.2表）．

第1.2表　電気主任技術者の保安監督範囲

免状の種類	保安の監督をすることができる範囲
第1種電気主任技術者免状	事業用電気工作物の工事，維持および運用
第2種電気主任技術者免状	電圧17万〔V〕未満の事業用電気工作物の工事，維持および運用
第3種電気主任技術者免状	電圧5万〔V〕未満の事業用電気工作物（出力5 000〔kW〕以上の発電所を除く）の工事，維持および運用

(4) **電気事業者の分類**

電気事業とは電気を売る事業であり，電気事業法第2条で次のように区分

しています．
  (a) 一般電気事業：一般の需要に応じ電気を供給する事業．10電力会社が該当．
  (b) 卸電気事業：一般電気事業者に電気を卸供給する事業で出力の合計が200万〔kW〕を超えるもの．電源開発㈱，日本原子力発電㈱が該当．
  (c) 特定電気事業：特定の供給地点における需要に応じ電気を供給する事業．
  (d) 特定規模電気事業：一般電気事業者が管理する送電線を通じて，電気の供給を行う事業（略称：PPS（Power Producer and Supplier））．
  (e) 卸供給：一般電気事業者に電気の供給を行う小規模なもの（略称：IPP（Independent Power Product））．
※電気事業法では(a)～(d)を営む事業者を"電気事業者"と定義している．

(5) 電圧・周波数の維持

電気事業法第26条で"電圧・周波数の維持"について，次のように定めています．

・電気事業者は，その供給する電気の電圧および周波数の値を経済産業省令で定める値に維持するように努めなければならない．
・電気事業者は，その供給する電気の電圧および周波数を測定し，その結果を記録し，これを保存しなければならない．

電気事業法施行規則第44条では，電気を供給する場所において，電圧と周波数を次の値に維持するよう定めています．

・標準電圧　100〔V〕：101±6〔V〕を超えない値
・標準電圧　200〔V〕：202±20〔V〕を超えない値
・周波数：標準周波数に等しい値

(6) 電気の使用制限

経済産業大臣は，電気の需給の調整を行わなければ電気の供給の不足が国民経済および国民生活に悪影響を及ぼし，公共の利益を阻害するおそれがあると認められるときは，その事態を克服するため必要な限度において，政令で定めるところにより，使用電力量の限度，使用最大電力の限度，用途もしくは使用を停止すべき日時を定めて，一般電気事業者，特定電気事業者もしくは特定規模電気事業者の供給する電気の使用を制限し，または受電電力の

容量の限度を定めて，一般電気事業者，特定電気事業者もしくは特定規模電気事業者からの受電を制限することができると，電気事業法第27条で規定しています．

この規定は，大災害や大事故により発電所（とくに原子力発電所，高効率火力発電所などの大容量発電所）が停止する等，電力需要を上回る供給力を確保できない場合，国が電気の需給の調整（電気の使用制限）を行う権限を有することを意味します．

(7) 電気事故報告

経済産業大臣は，電気事業者に対し"業務または経理の状況"に関する報

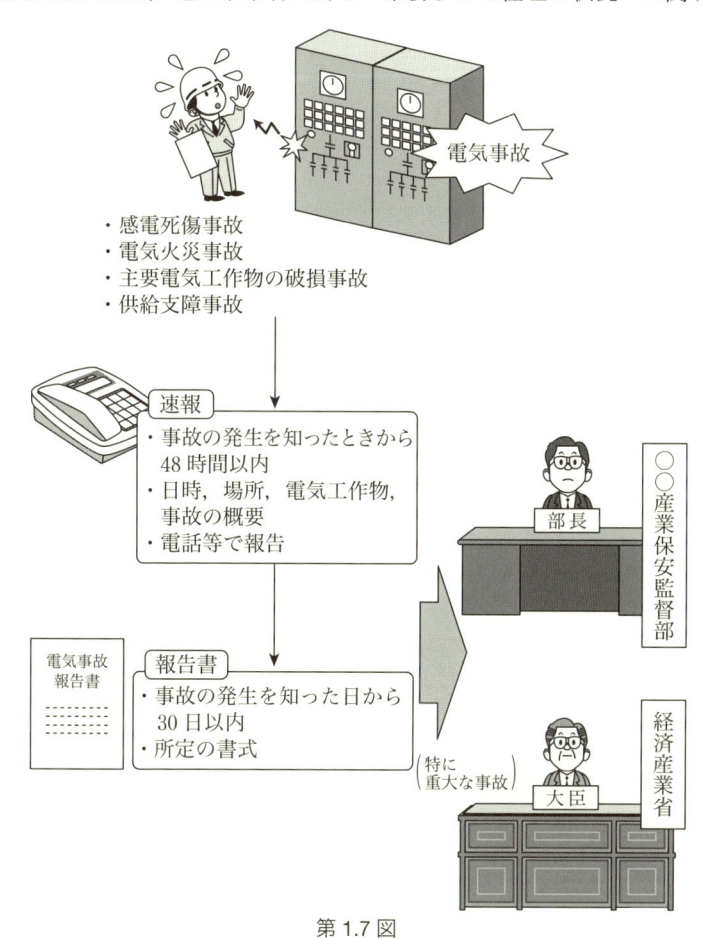

電気事故
・感電死傷事故
・電気火災事故
・主要電気工作物の破損事故
・供給支障事故

速報
・事故の発生を知ったときから48時間以内
・日時，場所，電気工作物，事故の概要
・電話等で報告

電気事故報告書

報告書
・事故の発生を知った日から30日以内
・所定の書式

（特に重大な事故）

部長 → ○○産業保安監督部

大臣 → 経済産業省

第1.7図

告または資料の提出を，自家用電気工作物の設置者に対し"業務の状況"に関する報告または資料の提出をさせることができると，電気事業法第106条第3項で規定しています．

電気関係報告規則第3条で，電気工作物の事故報告について規定しており，感電・破損等による死傷事故，電気火災事故，主要電気工作物の破損事故，電気事業者に供給支障をさせた事故等が発生した場合などは，電気工作物を設置する者は，設置場所を管轄する産業保安監督部長（水力発電所，変電所，送電線路で一定の規模以上のものは経済産業大臣）に報告する義務があります．

事故の発生を知ったときから，48時間以内に速やかに，事故の発生の日時，場所，事故が発生した電気工作物，事故の概要について電話等の方法で報告すること，事故の発生を知った日から30日以内に所定の様式の報告書を提出することが義務付けられています．

練習問題

次の文章は「電気事業法」「電気事業法施行規則」に関するものである．(ア)～(オ)に当てはまる語句を埋めよ．

1. 事業用電気工作物を設置する者は，事業用電気工作物の工事，維持および運用に関する (ア) の監督をさせるため，経済産業省令で定めるところにより，主任技術者免状の交付を受けている者のうちから，主任技術者を選任し，遅滞なく，その旨を (イ) に届け出なければならない．
2. 事業用電気工作物の工事，維持または運用に従事する者は，主任技術者がその (ア) のためにする (ウ) に従わなければならない．
3. 事業用電気工作物を設置する者は，事業用電気工作物の工事，維持および運用に関する (ア) を確保するため， (エ) を定め，事業用電気工作物の使用の開始前に， (イ) に届け出なければならない．
4. (エ) では，事業用電気工作物の工事，維持または運用に関する業務を管理する者の職務および組織に関すること，従事する者に対する (オ) に関することを定めなければならない．

【解答】 (ア) 保安，(イ) 経済産業大臣，(ウ) 指示，(エ) 保安規程，

　　　　(オ)　保安教育
【ヒント】　1.　電気事業法第 43 条
　　　　　　2.　電気事業法第 43 条第 5 項
　　　　　　3.　電気事業法第 42 条
　　　　　　4.　電気事業法施行規則第 50 条第 3 項

4 電気工事士法

覚えるべき重要ポイント

「電気工事士法」は，本来，一般用電気工作物に対して電気工事の面から保安を確保するために定められた法律ですが，その後の法改正により，500〔kW〕未満の需要設備である自家用電気工作物の電気工事も，この法律で規制されることになりました．

STEP 1
電気工事士法の目的

電気工事士法は，電気工事の作業に従事する者の資格および義務を定め，電気工事の欠陥による災害の防止に寄与することを目的としています（電気工事士法第1条）．

電気工事士法には，上記のように"寄与"という語句があります．これは，電気工事の保安に関しては，ほかの法律（電気事業法など）と役割分担しながら災害を防止していくという意味です．

練習問題

次の文章は「電気工事士法」に関するものである．(ア)〜(オ)に当てはまる語句を埋めよ．

電気工事士法は，電気工事の (ア) に従事する者の (イ) および (ウ) を定め，もって電気工事の (エ) による災害の発生の防止に (オ) することを目的としている．

【解答】 (ア) 作業，(イ) 資格，(ウ) 義務，(エ) 欠陥，(オ) 寄与
【ヒント】 電気工事士法第1条

STEP 2
電気工事に必要な資格

電気工作物の種類とその工事に必要な資格をまとめると第1.3表のようになります．

第1.3表　電気工事に必要な資格

電気工作物の種類		電気工事の資格
電気事業用電気工作物		
自家用電気工作物	発電所，変電所，送電線路，保安通信設備	
	最大電力500〔kW〕以上の需要設備	
	最大電力500〔kW〕未満の需要設備	第1種電気工事士
	特殊電気工事（ネオン工事）	特種電気工事資格者（ネオン工事）
	特殊電気工事（非常用予備発電装置工事）	特種電気工事資格者（非常用予備発電装置工事）
	簡易電気工事（600〔V〕以下の設備）	第1種電気工事士，認定電気工事従事者
一般用電気工作物		第1種電気工事士，第2種電気工事士

　電気事業用電気工作物，発電所，変電所，最大電力500〔kW〕以上の需要設備の工事には，電気工事士の資格は必要としません．保安度が重視される電気工作物や，容量が大きな需要設備は，電気主任技術者の監督のもとに工事が行われます．一方，最大電力500〔kW〕未満の需要設備は，主任技術者免状の交付を受けていない者を主任技術者として選任することができる反面，第1種電気工事士（600〔V〕以下は認定電気工事従事者でも可）でなければ，電気工事を行うことができません（第1.8図参照）．

　一般用電気工作物の電気工事は，第1種電気工事士または第2種電気工事士の資格を有する者でなければ行うことはできません．

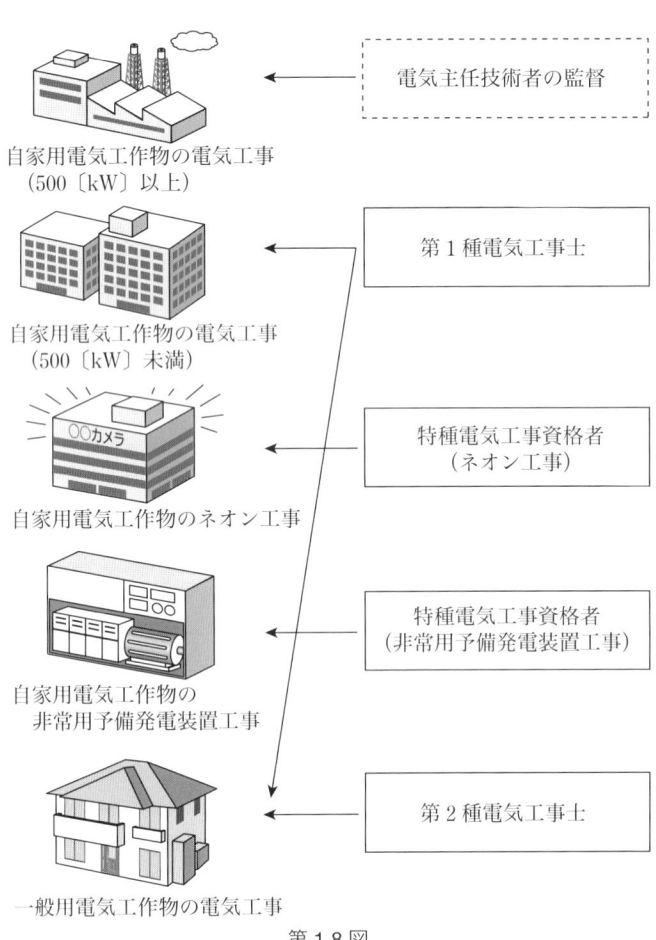

1 電気事業法・電気工事士法・電気用品安全法

自家用電気工作物の電気工事
（500〔kW〕以上） ← 電気主任技術者の監督

自家用電気工作物の電気工事
（500〔kW〕未満） ← 第1種電気工事士

自家用電気工作物のネオン工事 ← 特種電気工事資格者
（ネオン工事）

自家用電気工作物の
非常用予備発電装置工事 ← 特種電気工事資格者
（非常用予備発電装置工事）

一般用電気工作物の電気工事 ← 第2種電気工事士

第1.8図

> **練習問題**
>
> 次の文章は「電気工事士法」に関するものである．(ア)〜(オ)に当てはまる語句を埋めよ．なお，同一の語句が複数の空欄に該当することもある．
> - (ア) は，一般用電気工作物と，最大電力 500〔kW〕未満の需要設備である自家用電気工作物の電気工事の作業に従事できる．
> - (ア) と (イ) は，最大電力 500〔kW〕未満の需要設備である自家用電気工作物の電気工事のうち 600〔V〕以下で使用する設備の作業に従事できる．
> - (ア) と (ウ) は，一般用電気工作物に設置される出力 50〔kW〕未満の太陽電池発電設備の設置のための電気工事に従事できる．
> - (エ) は，自家用電気工作物に設置されるネオン用分電盤の電気工事の作業に従事できる．
> - (オ) は，自家用電気工作物に設置される非常用予備発電装置の電気工事の作業に従事できる．

【解答】 (ア) 第1種電気工事士，(イ) 認定電気工事従事者，
　　　　(ウ) 第2種電気工事士，(エ) 特種電気工事資格者，
　　　　(オ) 特種電気工事資格者

【ヒント】 電気工事士法第2条・第3条，電気工事士法施行規則第2条の2・第2条の3
　　　　（注）(エ)，(オ)いずれも"特種電気工事資格者"であるが，(エ)はネオン工事に関する所定の実務経験と講習受講を要し，(オ)は非常用予備発電装置の工事に関する所定の実務経験と講習受講を要する．

第1章 Lesson 5 電気用品安全法

覚えるべき重要ポイント

- 「電気用品安全法」は，不良電気製品による感電や火災を防止するために制定されました．とくに一般用電気工作物で使用する機器等を電気用品として，規制の対象にしています．
- 当初は，「電気用品取締法」という名称でしたが，現在の名称に改められ，民間の認証機関において適合検査が行われるようになりました．
- 電気用品のうち，構造または使用方法その他の使用状況からみてとくに危険または障害の発生する度合いが多いものは，特定電気用品として指定されています．

STEP 1

電気用品安全法の目的

電気用品安全法は，電気用品による危険および障害の発生を防止することを目的としており，電気用品の製造，販売等の規制，電気用品の安全性の確保のための民間事業者の自主的な活動の促進について定めています．

練習問題

次の文章は「電気用品安全法」に関するものである．(ア)〜(オ)に当てはまる語句を埋めよ．

電気用品安全法は，電気用品の (ア)，(イ) 等を規制するとともに，電気用品の安全性の確保につき民間事業者の (ウ) な活動を促進することにより，電気用品による (エ) および (オ) の発生を防止することを目的としている．

【解答】 (ア) 製造, (イ) 販売, (ウ) 自主的, (エ) 危険, (オ) 障害

【ヒント】 電気用品安全法第1条

STEP 2

(1) 「電気用品」と「特定電気用品」の定義

電気用品安全法第2条で，次のものを電気用品として定義しています．

・一般用電気工作物の部分となり，またはこれに接続して用いられる機械，器具または材料であって，政令で定めるもの
・携帯発電機であって，政令で定めるもの
・蓄電池であって，政令で定めるもの

電気用品のうち，構造または使用方法その他の使用状況からみて，とくに危険または障害の発生するおそれが多いものを特定電気用品として指定し，安全を確保するようにしています．

(2) 「電気用品」と「特定電気用品」の適合・表示

電気用品を製造または輸入する事業者は，事業の開始日から30日以内に経済産業大臣に届け出ることを，電気用品安全法第3条で規定しています．

この届出をした事業者を届出事業者といい，次のことが義務付けられています（電気用品安全法第8条，第9条）．

・届け出た型式の電気用品を製造または輸入する場合において，経済産業省令で定める技術上の基準（以下，"技術基準"という）に適合するようにすること．
・電気用品が技術基準に適合するか検査を行い，検査記録を作成し，保存すること．
・電気用品が特定電気用品である場合は，その特定電気用品を販売するときまでに経済産業大臣の登録を受けた者による適合性検査を受け，同項の証明書の交付を受け，これを保存すること．

届出事業者は，技術基準に適合している電気用品に対して次の表示を付すことができます（電気用品安全法第10条）．

特定電気用品：◇PSE◇のマークに加え，認定・承認検査機関のマーク，製造事業者等の名称（略称，登録商標を含む），定格電圧，定格消費電力等を表示する．

特定電気用品以外の電気用品：○PSE○のマークに加え，製造事業者等の名

称（略称，登録商標を含む），定格電圧，定格消費電力等を表示する．

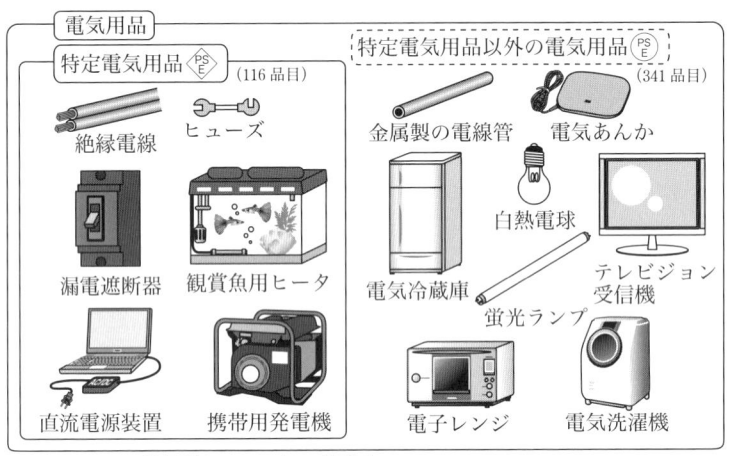

第1.9図

※品目数は2013年3月現在

練習問題

次の文章は「電気用品安全法」に関するものである．(ア)〜(オ)に当てはまる語句を埋めよ．

1. 電気用品安全法において，「電気用品」とは，次のものをいう．
   - 一般用電気工作物の部分となり，またはこれに接続して用いられる機械， (ア) または材料であって，政令で定めるもの．
   - (イ) 発電機であって，政令で定めるもの．
   - (ウ) 電池であって，政令で定めるもの．
2. 「 (エ) 」とは，構造または使用方法その他の使用状況からみてとくに危険または障害の発生するおそれが多い電気用品であって，政令で定めるものをいう．
3. ㊗ は， (オ) に表示する記号である．

【解答】 (ア) 器具，(イ) 携帯，(ウ) 蓄，(エ) 特定電気用品，
(オ) 特定電気用品以外の電気用品

【ヒント】 1. 電気用品安全法第2条
2. 電気用品安全法第2条第2項
3. 電気用品安全法施行規則第17条

STEP-3 総合問題

【問題1】 次の文章は「電気事業法」「電気事業法施行規則」に関するものである．正しいものに○，誤っているものに×を記入せよ．

(1) 33〔kV〕で受電する需要設備の電気主任技術者として，第3種電気主任技術者免状を所持する者を選任した．

(2) 特定電気事業者が出力2万〔kW〕の火力発電所（最高電圧は22〔kV〕）を新設する工事をするに当たり，第2種電気主任技術者免状を所持する者を電気主任技術者として選任した．なお，ボイラー・タービン主任技術者は工事開始時点では選任せず，運用開始までに選任する予定である．

(3) A社のB事業所（最大電力300〔kW〕の需要設備を有す）では，第1種電気工事士試験に合格している者Mを経済産業大臣の許可を受けて電気主任技術者に選任した．その後，MがA社を退職することになったため，A社のC事業所（最大電力400〔kW〕の需要設備を有す）の電気主任技術者（第3種電気主任技術者試験の合格者）NにB事業所の電気主任技術者を，産業保安監督部長の承認を受けて兼務させた（なお，B事業所とC事業所は同一の産業保安監督部の管轄区域内にある）．

(4) 受電電圧6 600〔V〕の需要設備を直接統括する事業場について，その需要設備の工事，維持および運用に関する保安の監督に係る業務を委託する契約を電気保安法人と契約し，産業保安監督部長の承認を受け，電気主任技術者を選任しないことにした．

(5) 受電電圧33〔kV〕の需要設備において地絡事故（ちらくじこ）が発生した．需要設備内の地絡継電器（ちらくけいでんき）と遮断器（しゃだんき）が動作したが，同時に電力会社でも地絡継電器が動作しほかの需要家を含む電力供給を遮断（じゅうだん）した．需要設備内で地絡継電器が動作したので，産業保安監督部長への報告は行わなかった．

【問題2】 次の文章は「電気事業法」に関するものである．(ア)～(キ)に当てはまる語句または数値を埋めよ．

・一般の需要に応じ電気を供給する事業者を一般電気事業者という．
・一般電気事業者に電気を卸供給する事業には (ア) と (イ) がある． (ア) は大規模な卸事業であり，事業全体での出力の合計が200万〔kW〕を超えるものをいう．

1 電気事業法・電気工事士法・電気用品安全法

- 特定の供給地点の需要に応じ電気を供給する事業者を特定電気事業者という．
- 一般電気事業者と特定電気事業者は，電気を供給する場所において次の値を維持するように努めなければならない．
  (i) 標準電圧　100〔V〕：101± (ウ) 〔V〕を超えない値
  (ii) 標準電圧　200〔V〕： (エ) ±20〔V〕を超えない値
  (iii) 周波数： (オ) に等しい値
- 経済産業大臣は，電気の (カ) を行わなければ電気の供給の不足が国民経済および国民生活に悪影響を及ぼし，公共の利益を阻害するおそれがあると認められるときは，一般電気事業者，特定電気事業者もしくは特定規模電気事業者の供給する電気の使用を (キ) することができる．

【問題3】 次の文章は，「電気事業法」および「電気工事士法」に基づく電気主任技術者の保安の監督に関しての記述である．(ア)～(オ)に当てはまる語句または数値を埋めよ．

1. 電気主任技術者は，事業用電気工作物の (ア) ，維持および運用に関する (イ) の監督の職務を誠実に行わなければならない．
2. 第3種電気主任技術者が (イ) の監督をすることができる事業用電気工作物の範囲は，電圧 (ウ) 〔kV〕未満の事業用電気工作物（出力 (エ) 〔kW〕以上の発電所を除く）の (ア) ，維持および運用である．
3. (オ) 電気工事士免状の交付を受けている者でなければ，自家用電気工作物（最大電力500〔kW〕未満の需要設備）に係る電気工事の作業に従事してはならない．

【問題4】 次の文章は，「電気事業法」に関する記述である．(ア)～(オ)に当てはまる語句または数値を埋めよ．

1. 事業用電気工作物を (ア) する者は，事業用電気工作物を経済産業省令で定める (イ) に適合するように維持しなければならない．
2. 経済産業省令で定める (イ) は，次によらなければならない．
- 事業用電気工作物は，人体に (ウ) を及ぼし，または物件に損傷を与えないようにすること．

30

- 事業用電気工作物は，他の電気的設備その他の物件の機能に電気的または (エ) な障害を与えないようにすること．
- 事業用電気工作物の損壊により一般電気事業者の (オ) に著しい支障を及ぼさないようにすること．

【問題 5】 次の文章は，「電気事業法」「電気関係報告規則」に関する記述である．(ア)〜(オ)に当てはまる語句または数値を埋めよ．

1. (ア) は，一般用電気工作物が経済産業省令で定める技術基準に適合しないと認める場合は，その所有者または占有者に対し，技術基準に適合するように命じ，またはその使用を (イ) することができる．

2. 自家用電気工作物を設置する者は，自家用電気工作物に関して，感電による死傷事故（死亡または入院治療を要した傷害）が発生した場合は，事故の発生を知ったときから， (ウ) 時間以内に速やかに，事故の発生の日時，場所，事故が発生した電気工作物，事故の概要について電話等の方法で報告すること， (エ) 日以内に所定の様式の報告書を提出することが義務付けられている．この場合の報告先は (オ) である．

第2章
電気設備技術基準

第2章 Lesson 1 用語の定義, 電圧の種別, 保安原則（電技第1章）

STEP 0 事前に知っておくべき事項

　電気事業法第39条（事業用電気工作物の維持）で「事業用電気工作物を設置する者は，事業用電気工作物を経済産業省令で定める技術基準に適合するよう維持しなければならない」と定めており，これに従って制定されたのが電気設備技術基準です．

　また，同条第2項では，"人体への危害を及ぼさないこと"，"物件に損傷を与えないこと"，"電気的・磁気的な障害を与えないこと"，"電気事業者の電気の供給の支障を及ぼさないこと"を電気設備技術基準で定めるとしており，これらは条文に頻出するキーワードです．

　電気設備技術基準第1章では，電気設備全般に共通した，用語の定義，電圧の種別，電気設備の保安原則，公害の防止について規定しています．

覚えるべき重要ポイント

- 「電路」「電線」「電線路」など類似した用語がありますが，電気設備技術基準で意味が定義されており，明確に区別されています．
- 低圧と高圧の区分電圧は，交流が 600 〔V〕，直流が 750 〔V〕です．
- 絶縁油の流出防止，ポリ塩化ビフェニルを含有する絶縁油を使用する電気機械器具の施設禁止など公害の防止についても規定しています．

STEP 1

(1) 用語の定義

　第1条では，"用語の定義"を規定しています．"電気設備技術基準"の全般に関わる用語ですから，しっかり理解しましょう．

・「電路」とは，通常の使用状態で電気が通じているところをいう．
・「電線」とは，強電流電気の伝送に使用する電気導体，絶縁物で被覆した

電気導体または絶縁物で被覆した上を保護被覆で保護した電気導体をいう．
- 「電線路」とは，発電所，変電所，開閉所およびこれらに類する場所ならびに電気使用場所相互間の電線（電車線を除く）をいう．また，これを支持し，または保蔵する工作物をいう．
- 「電気機械器具」とは，電路を構成する機械器具をいう．
- 「発電所」とは，発電機，原動機，燃料電池，太陽電池，その他の機械器具を施設して電気を発生させる所をいう（電気事業法に規定する小出力発電設備，非常用予備電源を得る目的で施設するもの，および，電気用品安全法の適用を受ける携帯用発電機を除く．）．
- 「変電所」とは，構外から伝送される電気を構内に施設した変圧器，回転変流機，整流器その他の電気機械器具により変成する所であって，変成した電気をさらに構外に伝送するものをいう．
- 「開閉所」とは，構内に施設した開閉器その他の装置により電路を開閉する所であって，発電所，変電所および需要場所以外のものをいう．
- 「電車線」とは，電気機関車および電車にその動力用の電気を供給するため等に使用する接触電線をいう．一般的には「トロリ線」と称されている．
- 「調相設備」とは，無効電力を調整する電気機械器具をいう．電力用コンデンサ，分路リアクトル，同期調相器がある．
- 「配線」とは，電気使用場所において施設する電線（電気機械器具内の電線および電線路の電線を除く．）をいう．
- 「光ファイバケーブル」とは，光信号の伝送に使用する伝送媒体であって，保護被覆で保護したものをいう．
- 「光ファイバケーブル線路」とは，光ファイバケーブルおよびこれを支持し，または保蔵する工作物（造営物の屋内または屋側に施設するものを除く．）をいう．

(2) 電圧の種別

第2条で電圧の種別が定義されており，まとめると第2.1表のようになります．低圧，高圧，特別高圧といった電圧種別は，電気法令のなかでたびたび登場しますので，確実に覚えてください．

第2.1表　電圧の種別

	交　流	直　流
低圧	600〔V〕以下	750〔V〕以下
高圧	600〔V〕超～7 000〔V〕以下	750〔V〕超～7 000〔V〕以下
特別高圧	7 000〔V〕超	7 000〔V〕超

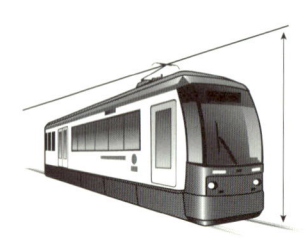

直流 750〔V〕⇨ 低圧
（直流 750〔V〕以下は低圧）

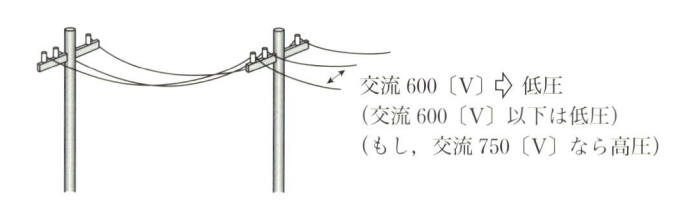

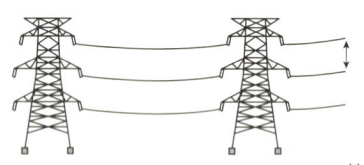

交流 600〔V〕⇨ 低圧
（交流 600〔V〕以下は低圧）
（もし，交流 750〔V〕なら高圧）

交流 7001〔V〕⇨ 特別高圧
（交流，直流とも 7000〔V〕超は特別高圧）

第2.1図

練習問題

次の文章は「電気設備技術基準」の用語の定義についての記述であるが，不適切なものはどれか（不適切なものが二つ以上ある）．

(1) 「電路」とは，通常の使用状態で電気が通じているところ，ならびにこれを支持する工作物である．
(2) 「電気機械器具」とは，電路を構成する機械器具をいう．
(3) 「変電所」とは，大容量の変圧器により電気を変成する所であり，変成した電気をさらに構外に伝送するものと，すべての電力を同一構内で消費するものがある．
(4) 「開閉所」とは，構内に施設した開閉器その他の装置により電路を開閉する所であって，発電所，変電所以外のものであり，需要場所のものも含まれる．
(5) 電圧 750 [V] は交流，直流ともに，高圧である．

【解答】 (1), (3), (4), (5)

STEP 2

電気設備技術基準では，電気を供給する設備，電気を使用する設備に共通する保安原則と公害の防止について，規定しています．

(1) 感電・火災の防止（電気設備技術基準第 4 条）

電気設備は，感電，火災その他人体に危害を及ぼし，または物件に損傷を与えるおそれがないように施設しなければならない．

(2) 電路の絶縁（電気設備技術基準第 5 条）

電路は，大地から絶縁しなければならない．その絶縁性能は，事故時に想定される異常電圧を考慮し，絶縁破壊による危険のおそれがないものでなければならない．なお，次の場合はこの限りでない．

- 構造上やむを得ない場合で，通常の使用形態を考慮し危険のおそれがない場合
- 混触による高電圧の侵入等の異常が発生した際の危険を回避するための接地その他の保安上必要な措置を講ずる場合

(3) 電線の接続（電気設備技術基準第 7 条）

電線を接続する場合は，接続部分において電線の電気抵抗を増加させないように接続するほか，絶縁性能の低下（裸電線を除く．）および通常の使用状態において断線のおそれがないようにしなければならない．

(4) 電気機械器具の熱的強度（電気設備技術基準第 8 条）

電路に施設する電気機械器具は，通常の使用状態においてその電気機械器具に発生する熱に耐えるものでなければならない．

(5) 高圧または特別高圧の電気機械器具の危険の防止（電気設備技術基準第 9 条）

(a) 高圧または特別高圧の電気機械器具は，取扱者以外の者が容易に触れるおそれがないように施設しなければならない．ただし，接触による危険のおそれがない場合は，この限りでない．

(b) 高圧または特別高圧の開閉器，遮断器，避雷器など，動作時にアークを生ずるものは，火災のおそれがないよう，可燃性の物から離して施設しなければならない．ただし，耐火性の物で両者の間を隔離した場合は，この限りでない．

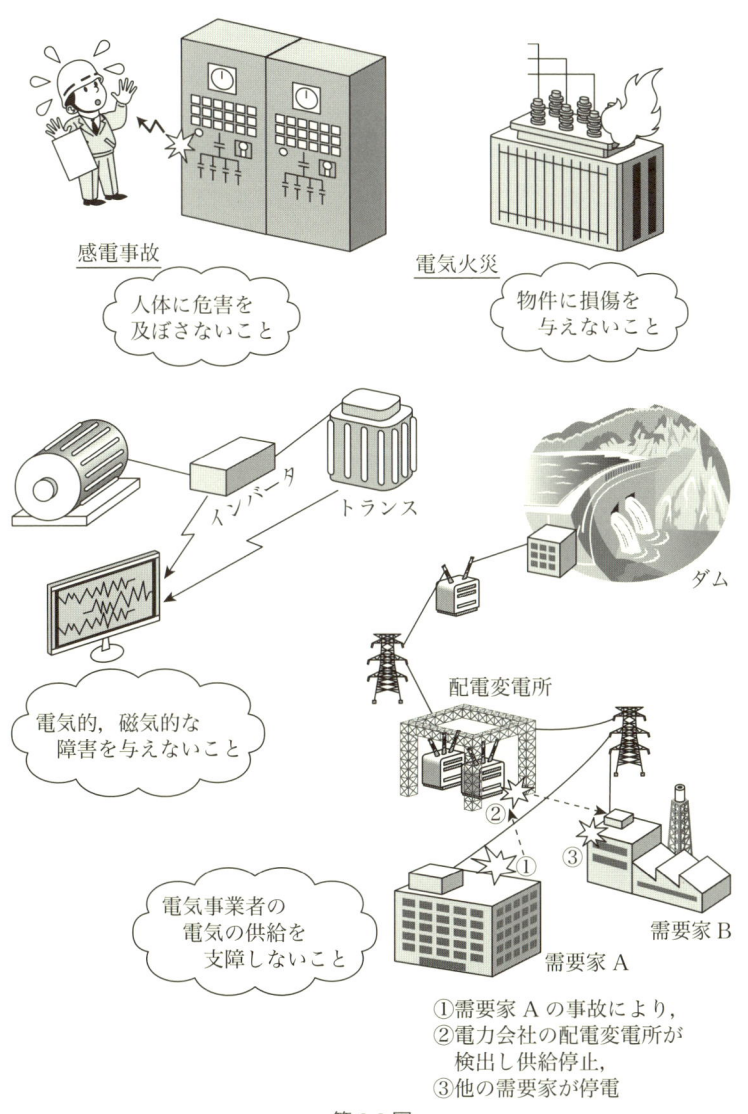

Lesson 1　用語の定義，電圧の種別，保安原則（電技第1章）

感電事故　　　　　　電気火災
人体に危害を　　　　物件に損傷を
及ぼさないこと　　　与えないこと

電気的，磁気的な
障害を与えないこと

配電変電所　　　　ダム

電気事業者の
電気の供給を
支障しないこと

需要家A　　需要家B

①需要家Aの事故により，
②電力会社の配電変電所が
　検出し供給停止，
③他の需要家が停電

第2.2図

(6) 電気設備の接地（電気設備技術基準第10条）

電気設備の必要な箇所には，異常時の電位上昇，高電圧の侵入等による感電，火災その他人体に危害を及ぼし，または物件への損傷を与えるおそれがないよう，接地その他の適切な措置を講じなければならない．

(7) 電気設備の接地の方法（電気設備技術基準第11条）

電気設備に接地を施す場合は，電流が安全かつ確実に大地に通ずることができるようにしなければならない．

(8) 過電流からの電線および電気機械器具の保護対策（電気設備技術基準第14条）

電路の必要な箇所には，過電流による過熱焼損から電線および電気機械器具を保護し，かつ，火災の発生を防止できるよう，過電流遮断器を施設しなければならない．

(9) 地絡に対する保護対策（電気設備技術基準第15条）

電路には，地絡が生じた場合に，電線もしくは電気機械器具の損傷，感電または火災のおそれがないよう，地絡遮断器の施設その他の適切な措置を講じなければならない．ただし，電気機械器具を乾燥した場所に施設する等地絡による危険のおそれがない場合は，この限りでない．

(10) 電気設備の電気的，磁気的障害の防止（電気設備技術基準第16条）

電気設備は，他の電気設備その他の物件の機能に電気的または磁気的な障害を与えないように施設しなければならない．

(11) 高周波利用設備への障害の防止（電気設備技術基準第17条）

高周波利用設備は，他の高周波利用設備の機能に継続的かつ重大な障害を及ぼすおそれがないように施設しなければならない．

(12) 電気設備による供給停止の防止（電気設備技術基準第18条）

高圧または特別高圧の電気設備は，その損壊により一般電気事業者の電気の供給に著しい支障を及ぼさないように施設しなければならない．

また，高圧または特別高圧の電気設備が一般電気事業の用に供される場合は，その損壊によりその一般電気事業に係る電気の供給に著しい支障を生じないように施設しなければならない．

⒀ **公害の防止・中性点直接接地の絶縁油（電気設備技術基準第 19 条第 10 項）**

中性点直接接地式電路に接続する変圧器を設置する箇所には，絶縁油の構外への流出および地下への浸透を防止するための措置が施されていなければならない．

⒁ **公害の防止・ポリ塩化ビフェニル（電気設備技術基準第 19 条第 14 項）**

ポリ塩化ビフェニル（PCB）を含有する絶縁油を使用する電気機械器具は，電路に施設してはならない．

⒂ **公害の防止・その他（電気設備技術基準第 19 条）**

第 19 条では，電気設備を水質汚濁防止法，騒音規制法，振動規制法などに適合させることが規定されている．

練習問題

次の文章は「電気設備技術基準」に基づく保安原則に関する記述の一部である．空白箇所㋐〜㋔に当てはまる語句を埋めよ．

1. 電線を接続する場合は，接続部分において電線の ㋐ を増加させないように接続するほか，絶縁性能の低下（裸電線を除く）および通常の使用状態において ㋑ のおそれがないようにしなければならない．

2. 電気設備の必要な箇所には，異常時の電位上昇， ㋒ の侵入等による感電，火災その他 ㋓ を及ぼし，または物件への損傷を与えるおそれがないよう， ㋔ その他の適切な措置を講じなければならない．

【解答】 ㋐ 電気抵抗，㋑ 断線，㋒ 高電圧，㋓ 人体に危害，
　　　　㋔ 接地

【ヒント】 1. 電気設備技術基準第 7 条
　　　　　2. 電気設備技術基準第 10 条

第2章 Lesson 2　電気の供給のための電気設備の施設（電技第2章）

STEP 0　事前に知っておくべき事項

電気設備技術基準第1章で保安原則について規定していますが，とくに電気の供給設備の保安に関することを電気設備技術基準第2章で定めています．

覚えるべき重要ポイント

- 電線路は，感電または火災のおそれがないように施設すること．
- 電線には，使用電圧に応じた絶縁性能を有する絶縁電線またはケーブルを使用すること（地中電線にはケーブルを使用すること）．
- 発電所等には，取扱者以外の者が容易に立ち入るおそれがないこと．また，架空電線路の支持物には，取扱者以外の者が容易に昇塔できないようにすること．
- 電線路の電線，電力保安通信線または電車線等は，他の電線または弱電流電線等との混触による感電または火災のおそれがないように施設しなければならない．
- 架空電線路の支持物は，電線等による引張荷重，風速40〔m/s〕の風圧荷重の影響を考慮し，倒壊のおそれがないものでなければならない．
- 発電機の回転する部分は，負荷を遮断した場合や，非常調速装置および非常停止装置が動作して達する速度に対し，耐えるものでなければならない．

STEP 1

(1) 電線路等の感電または火災の防止（電気設備技術基準第20条）

電線路または電車線路は，施設場所の状況および電圧に応じ，感電または火災のおそれがないように施設しなければならない．

(2) 架空電線および地中電線の感電の防止（電気設備技術基準第21条）

(a) 低圧または高圧の架空電線には，感電のおそれがないよう，使用電圧に応じた絶縁性能を有する絶縁電線またはケーブルを使用しなければならない．

(b) 地中電線には，感電のおそれがないよう，使用電圧に応じた絶縁性能を有するケーブルを使用しなければならない．

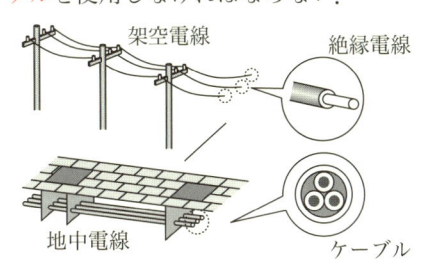

(a) 架空電線・地中電線の感電防止

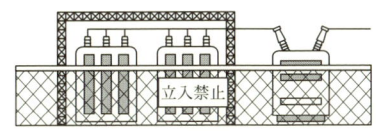

(b) 発電所・変電所の立入禁止

第2.3図

(3) 低圧電線路の絶縁性能（電気設備技術基準第22条）

低圧電線路中絶縁部分の電線と大地との間および電線の線心相互間の絶縁抵抗は，使用電圧に対する漏えい電流が最大供給電流の1/2 000を超えないようにしなければならない．

(4) 発電所等への取扱者以外の者の立入の防止（電気設備技術基準第23条）

(a) 高圧または特別高圧の電気機械器具，母線等を施設する発電所または変電所，開閉所もしくはこれらに準ずる場所には，取扱者以外の者に電気機械器具，母線等が危険である旨を表示するとともに，当該者が容易に構内に立ち入るおそれがないように適切な措置を講じなければならない．

(b) 地中電線路に施設する地中箱は，取扱者以外の者が容易に立ち入るおそれがないように施設しなければならない．

(5) 架空電線路の支持物の昇塔防止（電気設備技術基準第24条）

架空電線路の支持物には，感電のおそれがないよう，取扱者以外の者が容易に昇塔できないように適切な措置を講じなければならない．

(6) 架空電線等の高さ（電気設備技術基準第25条）

(a) 架空電線，架空電力保安通信線および架空電車線は，接触または誘導作用による感電のおそれがなく，かつ，交通に支障を及ぼすおそれがない高さに施設しなければならない．

(b) 支線は，交通に支障を及ぼすおそれがない高さに施設しなければならない．

練習問題

次の文章は「電気設備技術基準」に基づく発電所等への立入の防止に関する記述の一部である．下記記述中の空白箇所(ア)〜(オ)に当てはまる語句を埋めよ．

1. [ア]の電気機械器具，母線等を施設する発電所または変電所，開閉所もしくはこれらに準ずる場所には，[イ]以外の者に電気機械器具，母線等が[ウ]である旨を表示するとともに，当該者が容易に構内に立ち入るおそれがないように適切な措置を講じなければならない．

2. 地中電線路に施設する[エ]は，[イ]以外の者が容易に立ち入るおそれがないように施設しなければならない．

3. 架空電線路の支持物には，感電のおそれがないよう，[イ]以外の者が容易に[オ]できないように適切な措置を講じなければならない．

【解答】 (ア) 高圧または特別高圧，(イ) 取扱者，(ウ) 危険，(エ) 地中箱，(オ) 昇塔

【ヒント】 1. 電気設備技術基準23条
   2. 電気設備技術基準23条第2項
   3. 電気設備技術基準24条

STEP 2

(1) 電線の混触の防止（電気設備技術基準第 28 条）

電線路の電線，電力保安通信線または電車線等は，他の電線または弱電流電線等と接近し，もしくは交さする場合または同一支持物に施設する場合には，他の電線または弱電流電線等を損傷するおそれがなく，かつ，接触，断線等によって生じる混触による感電または火災のおそれがないように施設しなければならない．

(2) 地中電線等による他の電線および工作物への危険の防止（電気設備技術基準第 30 条）

地中電線，屋側電線およびトンネル内電線その他の工作物に固定して施設する電線は，他の電線，弱電流電線等または管（"他の電線等"と略）と接近し，または交さする場合には，故障時のアーク放電により他の電線等を損傷するおそれがないように施設しなければならない．ただし，感電または火災のおそれがない場合であって，他の電線等の管理者の承諾を得た場合は，この限りでない．

(3) 支持物の倒壊の防止（電気設備技術基準第 32 条）

(a) 架空電線路または架空電車線路の支持物の材料および構造（支線を施設する場合は，当該支線に係るものを含む）は，その支持物が支持する電線等による引張荷重，風速 40〔m/s〕の風圧荷重および当該設置場所において通常想定される気象の変化，振動，衝撃その他の外部環境の影

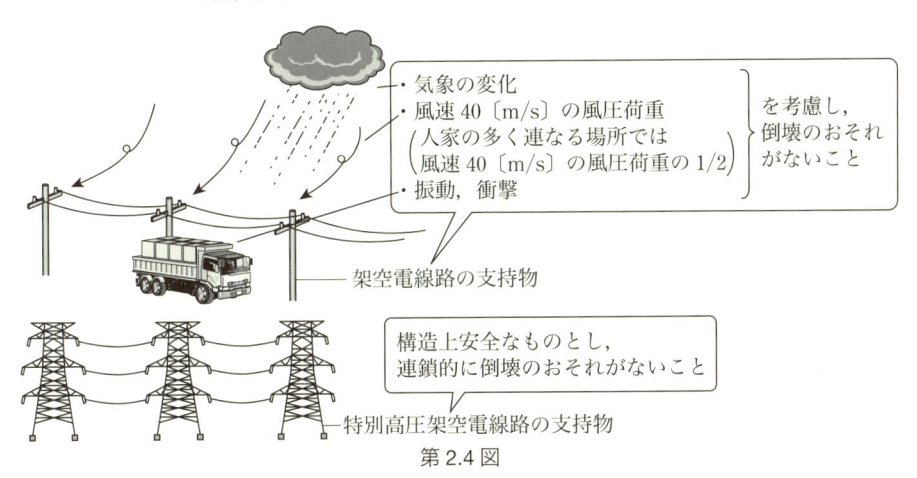

・気象の変化
・風速 40〔m/s〕の風圧荷重
（人家の多く連なる場所では風速 40〔m/s〕の風圧荷重の 1/2）
・振動，衝撃

を考慮し，倒壊のおそれがないこと

— 架空電線路の支持物

構造上安全なものとし，連鎖的に倒壊のおそれがないこと

— 特別高圧架空電線路の支持物

第 2.4 図

響を考慮し，倒壊のおそれがないよう，安全なものでなければならない．ただし，人家が多く連なっている場所に施設する架空電線路にあっては，その施設場所を考慮して施設する場合は，風速 40〔m/s〕の風圧荷重の 1/2 の風圧荷重を考慮して施設することができる．

(b) 特別高圧架空電線路の支持物は，構造上安全なものとすること等により連鎖的に倒壊のおそれがないように施設しなければならない．

(4) 発電機等の機械的強度（電気設備技術基準第 45 条）

(a) 発電機，変圧器，調相設備ならびに母線およびこれを支持するがいしは，短絡電流により生ずる機械的衝撃に耐えるものでなければならない．

(b) 水車または風車に接続する発電機の回転する部分は，負荷を遮断した場合に起こる速度に対し，耐えるものでなければならない．

　蒸気タービン，ガスタービンまたは内燃機関に接続する発電機の回転する部分は，非常調速装置およびその他の非常停止装置が動作して達する速度に対し，耐えるものでなければならない．

(5) 常時監視をしない発電所等の施設（電気設備技術基準第 46 条）

(a) 異常が生じた場合に人体に危害を及ぼし，もしくは物件に損傷を与えるおそれがないよう，異常の状態に応じた制御が必要となる発電所，または一般電気事業に係る電気の供給に著しい支障を及ぼすおそれがないよう，異常を早期に発見する必要のある発電所であって，発電所の運転に必要な知識および技能を有する者が当該発電所またはこれと同一の構内において常時監視をしないものは，施設してはならない．

(b) 前項に掲げる発電所以外の発電所または変電所であって，その運転に必要な知識および技能を有する者が当該発電所もしくはこれと同一の構内または変電所において常時監視をしない発電所または変電所は，非常用予備電源を除き，異常が生じた場合に安全かつ確実に停止することができるような措置を講じなければならない．

(注) この条文でいう変電所には，変電所に準ずる場所であって 10 万〔V〕を超える特別高圧の電気を変成するためのものを含みます．

(6) 地中電線路の保護（電気設備技術基準第 47 条）

(a) 地中電線路は，車両その他の重量物による圧力に耐え，かつ，当該地中電線路を埋設している旨の表示等により掘削工事からの影響を受け

ないように施設しなければならない．
(b) 地中電線路のうちその内部で作業が可能なものには，防火措置を講じなければならない．

> **練習問題**
> 　次の文章は「電気設備技術基準」に基づく支持物の倒壊の防止に関する記述の一部である．下記記述中の空白箇所(ア)～(エ)に当てはまる語句または数値を埋めよ．
> 1. 架空電線路または架空電車線路の支持物の材料および構造は，その支持物が支持する電線等による ［(ア)］，風速 ［(イ)］ (m/s) の風圧荷重および当該設置場所において通常想定される気象の変化，振動，衝撃その他の外部環境の影響を考慮し，倒壊のおそれがないよう，安全なものでなければならない．ただし，人家が多く連なっている場所に施設する架空電線路にあっては，その施設場所を考慮して施設する場合は，風速 ［(イ)］ (m/s) の風圧荷重の ［(ウ)］ の風圧荷重を考慮して施設することができる．
> 2. ［(エ)］ 架空電線路の支持物は，構造上安全なものとすること等により連鎖的に倒壊のおそれがないように施設しなければならない．

【解答】　(ア) 引張荷重，(イ) 40，(ウ) 1/2，(エ) 特別高圧
【ヒント】　電気設備技術基準第32条

第2章 Lesson 3 電気使用場所の施設（電技第3章）

STEP 0　事前に知っておくべき事項

- 電気設備技術基準第1章で保安原則について規定していますが，とくに電気使用場所の保安に関することを電気設備技術基準第3章で規定しています．
- 「配線」という用語がこの章で頻出しますが，「配線」とは電気使用場所において施設する電線をいいます（Lesson 1　Step 1(1)参照）．

覚えるべき重要ポイント

- 配線は，感電または火災のおそれがないように施設しなければならない．
- 配線の使用電線は，感電または火災のおそれがないよう，使用上十分な強度（きょうど）および絶縁性能を有するものでなければならない．
- 配線が他の配線，弱電流電線等と接近または交さする場合は，混触（こんしょく）しないように施設しなければならない．
- 低圧幹線（ていあつかんせん）等に過電流が生じた場合に当該幹線等を保護できるよう，過電流遮断器を施設しなければならない．
- 電気機械器具や接触電線は，電波（でんぱ），高周波電流（こうしゅうはでんりゅう）の発生により，無線（せん）設備の機能に継続的かつ重大な障害を及ぼさないように施設しなければならない．
- 可燃性のガス等が存在する場所に施設する電気設備は，爆発または火災の点火源（てんかげん）となるおそれがないように施設しなければならない．

STEP 1

(1) 配線の感電または火災の防止（電気設備技術基準第56条）

(a) 配線は，施設場所の状況および電圧に応じ，感電または火災のおそれがないように施設しなければならない．

(b) 移動電線（いどうでんせん）を電気機械器具と接続する場合は，接続不良（せつぞくふりょう）による感電また

は火災のおそれがないように施設しなければならない．
(c) 特別高圧の移動電線は，第1項および前項の規定にかかわらず，施設してはならない．ただし，充電部分に人が触れた場合に人体に危害を及ぼすおそれがなく，移動電線と接続することが必要不可欠な電気機械器具に接続するものは，この限りでない．
(注)「移動電線」とは電気設備技術基準の解釈で「電気使用場所に施設する電線のうち，造営物に固定しないもの」と定義されており，電気用品の電源コード，コードリールなどをいいます．

(2) 配線の使用電線（電気設備技術基準第57条）
(a) 配線の使用電線（裸電線および特別高圧で使用する接触電線を除く）には，感電または火災のおそれがないよう，施設場所の状況および電圧に応じ，使用上十分な強度および絶縁性能を有するものでなければならない．
(b) 配線には，裸電線を使用してはならない．ただし，施設場所の状況および電圧に応じ，使用上十分な強度を有し，かつ，絶縁性がないことを考慮して，配線が感電または火災のおそれがないように施設する場合は，この限りでない．
(c) 特別高圧の配線には，接触電線を使用してはならない．
(注)「接触電線」とは，電線に接触してしゅう動する集電装置を介して，移動起重機，オートクリーナその他の移動して使用する電気機械器具に電気の供給を行うための電線です．

(3) 低圧の電路の絶縁性能（電気設備技術基準第58条）
低圧の電路の電線相互間および電路と大地との間の絶縁抵抗は，開閉器または過電流遮断器で区切ることのできる電路ごとに，次の第2.2表に掲げる電路の使用電圧の区分に応じた値以上でなければならない．

対地電圧が
… 150〔V〕以下で
あるから 0.1〔MΩ〕

… 300〔V〕以下で
あるから 0.2〔MΩ〕

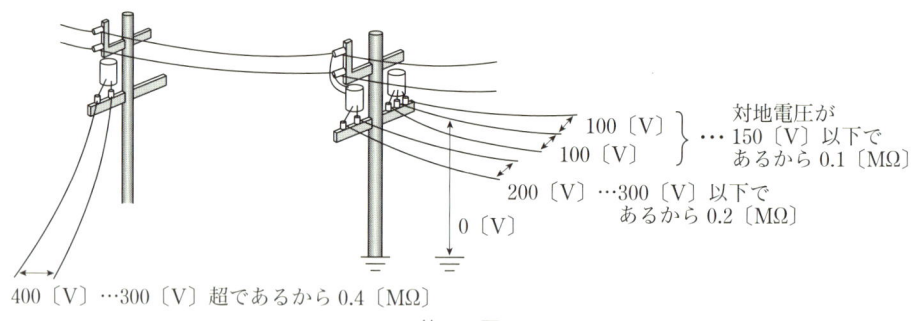

400〔V〕…300〔V〕超であるから 0.4〔MΩ〕

第 2.5 図

第 2.2 表

電路の使用電圧の区分		絶縁抵抗値
300〔V〕以下	対地電圧（接地式電路においては電線と大地との間の電圧，非接地式電路においては電線間の電圧をいう）が 150〔V〕以下の場合	0.1〔MΩ〕
	その他の場合	0.2〔MΩ〕
300〔V〕を超えるもの		0.4〔MΩ〕

(4) 電気使用場所に施設する電気機械器具の感電，火災の防止（電気設備技術基準第 59 条）

(a) 電気使用場所に施設する電気機械器具は，充電部の露出がなく，かつ，人体に危害を及ぼし，または火災が発生するおそれがある発熱がないように施設しなければならない．ただし，電気機械器具を使用するために充電部の露出または発熱体の施設が必要不可欠である場合であって，感電その他人体に危害を及ぼし，または火災が発生するおそれがないように施設する場合は，この限りでない．

(b) 燃料電池発電設備が一般用電気工作物である場合には，運転状態を表示する装置を施設しなければならない．

(5) 非常用予備電源の施設（電気設備技術基準第 61 条）

常用電源の停電時に使用する非常用予備電源（需要場所に施設するものに限る）は，需要場所以外の場所に施設する電路であって，常用電源側のものと電気的に接続しないように施設しなければならない．

Lesson 3 電気使用場所の施設（電技第3章）

練習問題

次の文章は「電気設備技術基準」に基づく低圧の電路の絶縁性能に関する記述の一部である．下記記述中の空白箇所(ｱ)～(ｵ)に当てはまる語句または数値を埋めよ．

電気使用場所における使用電圧が低圧の電路の電線相互間および電路と大地との間の絶縁抵抗は，開閉器または ｱ で区切ることのできる電路ごとに，次に掲げる電路の使用電圧の区分に応じた値以上でなければならない．

a．電路の使用電圧の区分が ｲ 〔V〕以下で対地電圧（接地式電路においては電線と大地との間の電圧，非接地式電路においては電線間の電圧をいう）が ｳ 〔V〕以下の場合の絶縁抵抗値は 0.1〔MΩ〕以上でなければならない．

b．電路の使用電圧の区分が ｲ 〔V〕以下で，上記 a．以外の場合の絶縁抵抗値は ｴ 〔MΩ〕以上でなければならない．

c．電路の使用電圧の区分が ｲ 〔V〕を超える場合の絶縁抵抗値は ｵ 〔MΩ〕以上でなければならない．

【解答】　(ｱ)　過電流遮断器，(ｲ)　300，(ｳ)　150，(ｴ)　0.2，(ｵ)　0.4
【ヒント】　電気設備技術基準第 58 条

STEP 2

(1) 配線の感電または火災の防止（電気設備技術基準第 62 条）

(a) 配線は，他の配線，弱電流電線等と接近し，または交さする場合は，混触による感電または火災のおそれがないように施設しなければならない．

(b) 配線は，水道管，ガス管またはこれらに類するものと接近し，または交さする場合は，放電によりこれらの工作物を損傷するおそれがなく，かつ，漏電または放電によりこれらの工作物を介して感電または火災のおそれがないように施設しなければならない．

(2) 過電流からの低圧幹線等の保護措置（電気設備技術基準第 63 条）

低圧の幹線，低圧の幹線から分岐して電気機械器具に至る低圧の電路およ

び引込口から低圧の幹線を経ないで電気機械器具に至る低圧の電路（"幹線等"と略）には，適切な箇所に開閉器を施設するとともに，過電流が生じた場合に当該幹線等を保護できるよう，過電流遮断器を施設しなければならない．ただし，当該幹線等における短絡事故により過電流が生じるおそれがない場合は，この限りでない．

(3) **地絡に対する保護措置（電気設備技術基準第 64 条）**

ロードヒーティング等の電熱装置，プール用水中照明灯その他の一般公衆の立ち入るおそれがある場所または絶縁体に損傷を与えるおそれがある場所に施設するものに電気を供給する電路には，地絡が生じた場合に，感電または火災のおそれがないよう，地絡遮断器の施設その他の適切な措置を講じなければならない．

(4) **電動機の過負荷保護（電気設備技術基準第 65 条）**

屋内に施設する電動機（出力が 0.2〔kW〕以下のものを除く）には，過電流による当該電動機の焼損により火災が発生するおそれがないよう，過電流遮断器の施設その他の適切な措置を講じなければならない．ただし，電動機の構造上または負荷の性質上電動機を焼損するおそれがある過電流が生じるおそれがない場合は，この限りでない．

(5) **異常時における移動電線・接触電線の電路遮断（電気設備技術基準第 66 条）**

(a) 高圧の移動電線または接触電線（電車線を除く）に電気を供給する電路には，過電流が生じた場合に，当該高圧の移動電線または接触電線を保護できるよう，過電流遮断器を施設しなければならない．

(b) 前項の電路には，地絡が生じた場合に，感電または火災のおそれがないよう，地絡遮断器の施設その他の適切な措置を講じなければならない．

(6) **無線設備への障害の防止（電気設備技術基準第 67 条）**

電気使用場所に施設する電気機械器具または接触電線は，電波，高周波電流等が発生することにより，無線設備の機能に継続的かつ重大な障害を及ぼすおそれがないように施設しなければならない．

（注）電波，高周波電流の発生源としては，コンピュータの高周波発振回路，接触電線の放電などがある．

(7) **可燃性ガス等による爆発危険場所における施設の禁止（電気設備技術基準第 69 条）**

次の場所に施設する電気設備は，通常の使用状態において，当該電気設備が点火源となる爆発または火災のおそれがないように施設しなければならない．

(a) 可燃性のガスまたは引火性物質の蒸気（じょうき）が存在し，点火源の存在により爆発するおそれがある場所
(b) 粉（ふん）じんが存在し，点火源の存在により爆発するおそれがある場所
(c) 火薬類が存在する場所
(d) セルロイド，マッチ，石油類その他の燃えやすい危険な物質を製造し，または貯蔵（ちょぞう）する場所

練習問題

次の文章は「電気設備技術基準」に基づく電気使用場所の施設の異常時の保護対策に関する記述の一部である．下記記述中の空白箇所(ｱ)～(ｵ)に当てはまる語句を埋めよ．

1. 低圧の幹線，低圧の幹線から分岐して電気機械器具に至る低圧の電路および (ｱ) から低圧の幹線を経ないで電気機械器具に至る低圧の電路（"幹線等"と略）には，適切な箇所に (ｲ) を施設するとともに，過電流が生じた場合に当該幹線等を保護できるよう，過電流遮断器を施設しなければならない．ただし，当該幹線等における (ｳ) 事故により過電流が生じるおそれがない場合は，この限りでない．

2. (ｴ) に施設する電動機（出力が 0.2〔kW〕以下のものを除く）には，過電流による当該電動機の焼損により火災が発生するおそれがないよう，過電流遮断器の施設その他の適切な措置を講じなければならない．ただし，電動機の構造上または (ｵ) の性質上電動機を焼損するおそれがある過電流が生じるおそれがない場合は，この限りでない．

【解答】 (ｱ) 引込口，(ｲ) 開閉器，(ｳ) 短絡，(ｴ) 屋内，(ｵ) 負荷

【ヒント】 1. 電気設備技術基準第 63 条
2. 電気設備技術基準第 65 条

② 電気設備技術基準

STEP-3 総合問題

【問題1】 次の文章は「電気設備技術基準」に基づく異常時の保護対策に関する記述の一部である．下記記述中の空白箇所(ア)〜(エ)に当てはまる語句を埋めよ．

1. 電路には，　(ア)　が生じた場合に，電線もしくは電気機械器具の損傷，感電または火災のおそれがないよう，　(ア)　遮断器の施設その他の適切な措置を講じなければならない．ただし，電気機械器具を　(イ)　した場所に施設する等　(ア)　による危険のおそれがない場合は，この限りでない．
2. ロードヒーティング等の電熱装置，プール用水中照明灯その他の　(ウ)　おそれがある場所または絶縁体に　(エ)　を与えるおそれがある場所に施設するものに電気を供給する電路には，　(ア)　が生じた場合に，感電または火災のおそれがないよう，　(ア)　遮断器の施設その他の適切な措置を講じなければならない．

【問題2】 次の文章は「電気設備技術基準」に基づく保安原則，公害等の防止に関する記述の一部である．下記記述中の空白箇所(ア)〜(オ)に当てはまる語句を埋めよ．

1. 高周波利用設備（電路を高周波電流の　(ア)　として利用するものに限る）は，他の高周波利用設備の機能に　(イ)　かつ重大な障害を及ぼすおそれがないように施設しなければならない．
2. 電気使用場所に施設する電気機械器具または接触電線は，電波，高周波電流等が発生することにより，無線設備の機能に　(イ)　かつ重大な障害を及ぼすおそれがないように施設しなければならない．
3. 　(ウ)　の電気設備は，その損壊により一般電気事業者の電気の供給に著しい支障を及ぼさないように施設しなければならない．
4. 　(エ)　電路に接続する変圧器を設置する箇所には，絶縁油の構外への流出および地下への浸透を防止するための措置が施されていなければならない．
5. 　(オ)　を含有する絶縁油を使用する電気機械器具は，電路に施設してはならない．

【問題3】
次の文章は「電気設備技術基準」に基づく架空電線の感電防止および配線の使用電線に関する記述の一部である．下記記述中の空白箇所(ア)〜(オ)に当てはまる語句を埋めよ．

1. 低圧または高圧の架空電線には，感電のおそれがないよう，使用電圧に応じた (ア) を有する (イ) または (ウ) を使用しなければならない．ただし，通常予見される (エ) を考慮し，感電のおそれがない場合は，この限りでない．
2. 地中電線（地中電線路の電線をいう）には，感電のおそれがないよう，使用電圧に応じた (ア) を有する (ウ) を使用しなければならない．
3. 配線の使用電線(裸電線および特別高圧で使用する接触電線を除く)には，感電または火災のおそれがないよう，施設場所の状況および電圧に応じ，使用上十分な (オ) および (ア) を有するものでなければならない．

【問題4】
次の文章は「電気設備技術基準」に基づく電線路と配線の絶縁性能に関する記述として，第5条，第22条，第58条から抜粋した．下記記述中の空白箇所(ア)〜(オ)に当てはまる語句または数値を埋めよ．

第5条・第5条第2項

電路は，大地から絶縁しなければならない．ただし，構造上やむを得ない場合であって通常予見される使用形態を考慮し危険のおそれがない場合，または (ア) による高電圧の侵入等の異常が発生した際の危険を回避するための (イ) その他の保安上必要な措置を講ずる場合は，この限りでない．

なお，その絶縁性能は，第22条および第58条の規定を除き，事故時に想定される (ウ) を考慮し，絶縁破壊による危険のおそれがないものでなければならない．

第22条

低圧電線路中絶縁部分の電線と大地との間および電線の線心相互間の絶縁抵抗は，使用電圧に対する漏えい電流が最大供給電流の (エ) を超えないようにしなければならない．

第58条

電気使用場所における使用電圧が低圧の電路の電線相互間および電路と大地との間の絶縁抵抗は，開閉器または過電流遮断器で区切ることのできる電

路ごとに，電路の使用電圧の区分に応じた値以上でなければならない．電路の使用電圧が300〔V〕を超える場合の絶縁抵抗値は (オ) 〔MΩ〕以上としている．

【問題5】 次の文章は「電気設備技術基準」に基づく電線路と配線の感電または火災の防止に関する記述の一部である．下記記述中の空白箇所(ア)〜(オ)に当てはまる語句を埋めよ．
a. 電線路または電車線路は，施設場所の状況および (ア) に応じ，感電または (イ) のおそれがないように施設しなければならない．
b. 配線は，施設場所の状況および (ア) に応じ，感電または (イ) のおそれがないように施設しなければならない．
c. 移動電線を電気機械器具と接続する場合は， (ウ) による感電または (イ) のおそれがないように施設しなければならない．
d. (エ) の移動電線は，第1項および前項の規定にかかわらず，施設してはならない．ただし， (オ) に人が触れた場合に人体に危害を及ぼすおそれがなく，移動電線と接続することが必要不可欠な電気機械器具に接続するものは，この限りでない．

第3章
電気設備技術基準の解釈

第3章 Lesson 1 総則（電技解釈第1章）

STEP 0 事前に知っておくべき事項

　電気設備に関する技術基準を定める省令（以下"電技"という）は平成9年に大きく改正されました．それまでの電技が具体的な基準を定めていたのに対し，改正後は条項が大幅に整理削減簡素化されて，資機材の選定や施工方法において，設置者の判断に委ねられる幅が広くなりました．

　しかし，電気工作物の設置者が，具体的な目安なしにすべての設備に対して法令を満たしているか適切な判断を下すことは困難です．そこで，技術基準に適合しているかの目安を明示したものが"電気設備の技術基準の解釈"（以下"電技解釈"という）です．したがって，電技の技術要件を満たす技術的内容は，電技解釈に限定されるものではなく，電技に照らして十分な保安水準が確保できる技術的根拠があれば，電技に適合するものと判断されています．

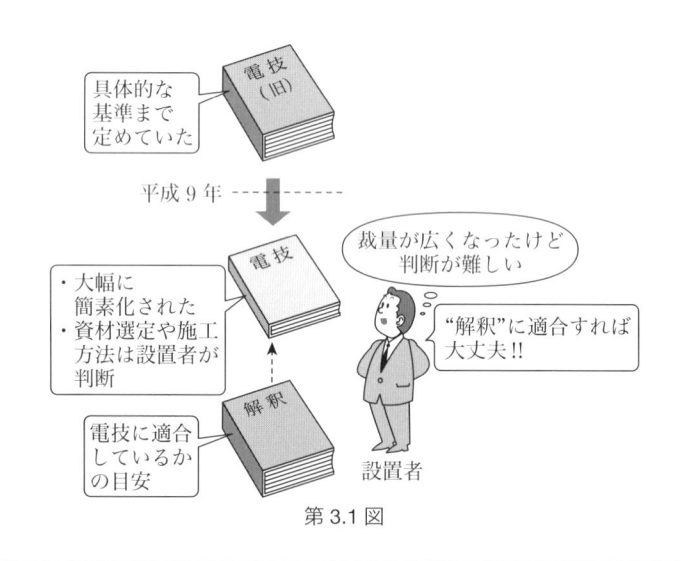

第3.1図

覚えるべき重要ポイント

- 最大使用電圧は次式から求めます．

  最大使用電圧 ＝ 使用電圧 ×1.15 （使用電圧：1 000〔V〕以下）

  最大使用電圧 ＝ 使用電圧 × $\dfrac{1.15}{1.1}$

  （使用電圧：1 000〔V〕超～50万〔V〕以下）

- 難燃性＜自消性＜不燃性＜耐火性の順に燃えなくなります．
- 電線の接続は，電気抵抗を増加させないように接続し，接続管または接続器を用いるか，ろう付けします．
- 接地工事にはA種，B種，C種，D種の4種類があります．
- B種接地工事は，おもに変圧器における混触時の低圧電路保護を目的としています．
- A種，C種，D種の接地工事は，それぞれ，特別高圧・高圧機器，300〔V〕超の低圧機器，300〔V〕以下の低圧機器の感電防止をおもな目的としています．

STEP 1

(1) 用語の定義（電技解釈第1条）

第1条では"電技解釈"の中で使用する用語を定義しています．用語を正しく理解しておかないと，誤った解釈をしてしまいますので，しっかりと理解しておいてください．

- 「使用電圧」とは，電路を代表する線間電圧をいう（第3.2図参照）．また，「公称電圧」とも称される．
- 「最大使用電圧」とは，通常の使用状態において電路に加わる最大の線間電圧をいい，次の計算式により求めることができる（第3.2図参照）．

  最大使用電圧 ＝ 使用電圧 ×1.15 （使用電圧：1 000〔V〕以下）

  最大使用電圧 ＝ 使用電圧 × $\dfrac{1.15}{1.1}$

  （使用電圧：1 000〔V〕超～500 000〔V〕以下）

(注) 電技解釈では，上記以外のケースも定義していますが，電験3種で出題される可能性が低いので省略します．

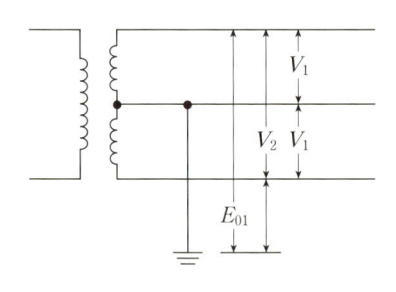

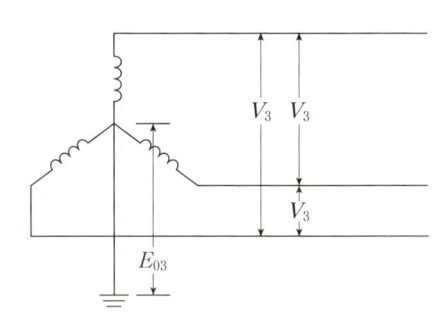

- 使用電圧（線間電圧）：V_1, V_2
- 最大使用電圧：V_{x1}, V_{x2}
  $V_1 = 105$〔V〕, $V_2 = 210$〔V〕のとき
  $V_{x1} = 105 \times 1.15 = 120.75$〔V〕
  $V_{x2} = 210 \times 1.15 = 241.5$〔V〕
- 対地電圧：E_{01}

- 使用電圧（線間電圧）：V_3
- 最大使用電圧：V_{x3}
  $V_3 = 6\,600$〔V〕のとき
  $V_{x3} = 6\,600 \times \dfrac{1.15}{1.1} = 6\,900$〔V〕
- 対地電圧：E_{03}
  中性点非接地の場合，線間電圧を対地電圧として扱うことが多い．

(a) 単相3線式回路　　　　　　　(b) 三相3線式回路

第3.2図　使用電圧・最大使用電圧・対地電圧

- 「電気使用場所」とは，電気を使用するための電気設備を施設した，一つの建物または一つの単位をなす場所をいう．
- 「需要場所」とは，電気使用場所を含む一つの構内またはこれに準ずる区域をいう．発電所，変電所および開閉所は含まない．
- 「架空引込線」とは，架空電線路の支持物から他の支持物を経ずに需要場所の取付け点に至る架空電線をいう（第3.3図参照）．

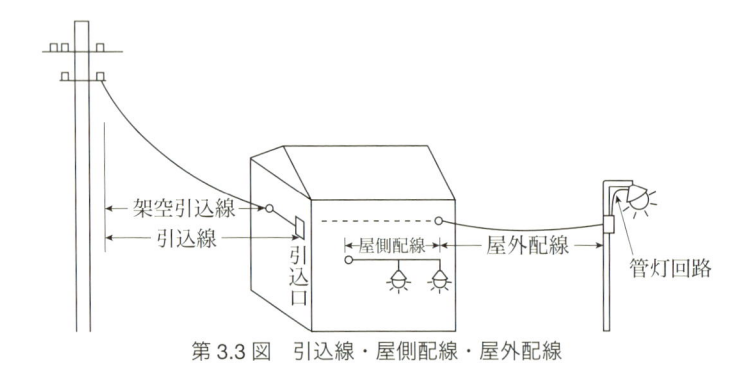

第3.3図　引込線・屋側配線・屋外配線

- 「引込線」とは，架空引込線および需要場所の造営物の側面等に施設する電線であって，当該需要場所の引込口に至るものをいう（第3.3図参照）．
- 「屋内配線」とは，屋内の電気使用場所において，固定して施設する電線をいう（電気機械器具内の電線，管灯回路の配線などを除く）．
- 「屋側配線」とは，屋外の電気使用場所において，当該電気使用場所における電気の使用を目的として，造営物に固定して施設する電線をいう（電気機械器具内の電線，管灯回路の配線などを除く）（第3.3図参照）．
- 「屋外配線」とは，屋外の電気使用場所において，当該電気使用場所における電気の使用を目的として，固定して施設する電線をいう（屋側配線，電気機械器具内の電線，管灯回路の配線などを除く）（第3.3図参照）．
- 「管灯回路」とは，放電灯用安定器または放電灯用変圧器から放電管までの電路をいう．
- 「弱電流線等」とは，弱電流電線および光ファイバケーブルをいう．
（「弱電流電線」とは，弱電流電気の伝送に使用する電気導体（絶縁物や保護被覆で保護したものを含む）をいい，次の回路等の電線である．
  (a) 電信，電話，火災報知設備の回路
  (b) インターホン，拡声器など専用の音声回路
  (c) 高周波またはパルスによる信号の専用伝送回路
- 「複合ケーブル」とは，電線と弱電流電線とを束ねたものの上に保護被覆を施したケーブルをいう．
- 「接近」とは，一般的な接近している状態をいう（並行する場合を含み，交差する場合および同一支持物に施設される場合を除く）．
- 「工作物」「造営物」「建造物」とは，次のものをいう．
  「工作物」：人により加工された全ての物体
  「造営物」：工作物のうち，土地に定着するものであって，屋根および柱または壁を有するもの
  「建造物」：造営物のうち，人が居住もしくは勤務し，または頻繁に出入りもしくは来集するもの
- 「点検できない隠ぺい場所」「点検できる隠ぺい場所」「展開した場所」とは，次の場所をいう．
  「点検できない隠ぺい場所」：天井ふところ，壁内またはコンクリート床内

　　　　　　　　　　等，工作物を破壊しなければ，電気設備に接
　　　　　　　　　　近し，または電気設備を点検できない場所
「点検できる隠ぺい場所」：点検口がある天井裏，戸棚または押入れ等，容
　　　　　　　　　　易に電気設備に接近し，または電気設備を点検
　　　　　　　　　　できる隠ぺい場所
「展開した場所」：点検できない隠ぺい場所および点検できる隠ぺい場所以
　　　　　　　　外の場所
・「難燃性」「自消性のある難燃性」「不燃性」「耐火性」とは，次の性質をいう．
「難燃性」：炎を当てても燃え広がらない性質
「自消性のある難燃性」：難燃性であって，炎を除くと自然に消える性質
「不燃性」：難燃性のうち，炎を当てても燃えない性質
「耐火性」：不燃性のうち，炎により加熱された状態においても著しく変形
　　　　　または破壊しない性質

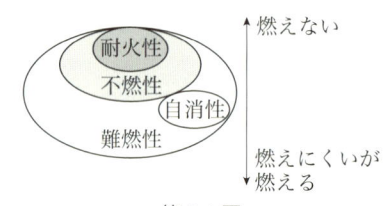

第3.4図

・「架渉線」とは，架空電線，架空地線，ちょう架用線または添架通信線等
のものをいう．

(2) 電線の接続法（電技解釈第12条）

電線を接続する場合は，電線の電気抵抗を増加させないように接続すると
ともに，次によることを定めています．
　(a) 裸電線相互，または裸電線と絶縁電線，キャブタイヤケーブル，もし
　　 くはケーブルと接続する場合は次によること．
　　 (i) 電線の引張強さを20〔%〕以上減少させないこと．
　　 (ii) 接続部分には，接続管その他の器具を使用し，またはろう付けする
　　　　 こと．
　(b) 絶縁電線相互，または絶縁電線とコード，キャブタイヤケーブルもし
　　 くはケーブルとを接続する場合は，(a)の規定を満たし，次のいずれかに

よること．
(i) 接続部分の絶縁電線の絶縁物と同等以上の絶縁効力のある接続器を使用すること．
(ii) 接続部分をその部分の絶縁電線の絶縁物と同等以上の絶縁効力のあるもので十分に被覆すること．
(c) コード相互，キャブタイヤケーブル相互，ケーブル相互またはこれらのもの相互を接続する場合は，コード接続器，接続箱その他の器具を使用すること．

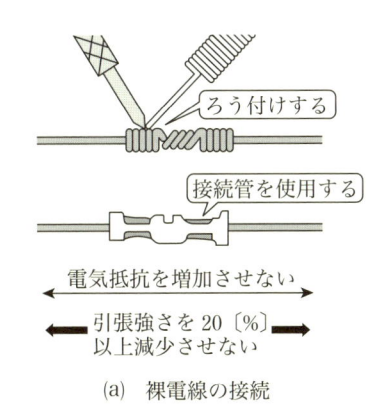

ろう付けする

接続管を使用する

電気抵抗を増加させない

引張強さを20〔％〕以上減少させない

(a) 裸電線の接続

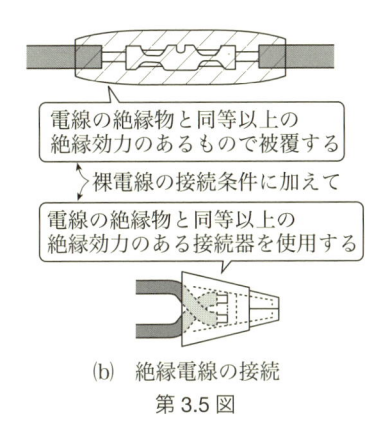

電線の絶縁物と同等以上の絶縁効力のあるもので被覆する

裸電線の接続条件に加えて

電線の絶縁物と同等以上の絶縁効力のある接続器を使用する

(b) 絶縁電線の接続

第3.5図

(3) 電路の絶縁（電技解釈第13条）
電路は，次に該当する部分を除き大地から絶縁しなければなりません．

(a) 接地工事を施す場合の接地点
(b) 電路の一部を大地から絶縁せずに電気を使用することがやむを得ないもの（接触電線，エックス線発生装置，試験用変圧器，電力線搬送用結合リアクトル，電気さく用電源装置，電気防食用の陽極，単線式電気鉄道の帰線，電極式液面リレーの電極等）
(c) 大地から絶縁することが技術上困難なもの（電気浴器，電気炉，電気ボイラー，電解槽等）

(4) **低圧電路の絶縁性能（電技解釈第 14 条）**

低圧の電路は，開閉器または過電流遮断器で区切ることのできる電路ごとに，次のいずれかの絶縁性能を有することを定めています．

(a) 電技第 58 条によること（第 2 章　Lesson 3　Step 1(3)参照）．
(b) 絶縁抵抗測定が困難な場合は，当該電路の使用電圧が加わった状態における漏えい電流が 1〔mA〕以下であること．

(5) **高圧機械器具の施設（電技解釈第 21 条）**

高圧の機械器具は，次のいずれかにより施設しなければなりません（なお，発電所または変電所，開閉所などに施設する場合を除きます．機械器具には，機械器具に附属する高圧電線であってケーブル以外のものも含みます．）．

(a) 屋内であって，取扱者以外の者が出入りできないように措置した場所に施設すること．
(b) 人が触れるおそれがないように，機械器具の周囲に適当なさく，へい等を設ける．なお，さく，へい等の高さと，さく，へい等から機械器具の充電部分までの距離との和を 5〔m〕以上とすること．
(c) 機械器具に附属する高圧電線にケーブルまたは引下げ用高圧絶縁電線を使用する．また，高圧電線は，機械器具を人が触れるおそれがないように地表上 4.5〔m〕（市街地外においては 4〔m〕）以上の高さに施設すること．
(d) 機械器具をコンクリート製の箱または D 種接地工事を施した金属製の箱に収め，かつ，充電部分が露出しないように施設すること（接地工事については Step 2 参照）．
(e) 充電部分が露出しない機械器具を，簡易接触防護措置を施して設置すること．もしくは温度上昇により，または故障の際に，その近傍の大

Lesson 1　総則（電技解釈第1章）

地との間に生じる電位差により，人，家畜，他の工作物に危険のおそれがないように施設すること．

(6) アークを生じる器具の施設（電技解釈第23条）

高圧用または特別高圧用の開閉器，遮断器，避雷器等であって動作時にアークを生じるものは，次のいずれかにより施設しなければなりません．

(a) 耐火性のものでアークを生じる部分を囲むことにより，木製の壁または天井その他の可燃性のものから隔離すること．

(b) 木製の壁または天井その他の可燃性のものとの離隔距離を，第3.1表に規定する値以上とすること．

第3.1表　アークを生じる機器の離隔距離

開閉器等の使用電圧の区分		離隔距離
高圧		1〔m〕
特別高圧	35 000〔V〕以下	2〔m〕（動作時に生じるアークの方向および長さを火災が発生するおそれがないように制限した場合にあっては，1〔m〕）
	35 000〔V〕超過	2〔m〕

(7) 低圧電路に施設する過電流遮断器の性能（電技解釈第33条）

(a) 低圧電路に施設する過電流遮断器は，通過する短絡電流を遮断する能力を有するものであること．

(b) 過電流遮断器として低圧電路に施設するヒューズは，水平に取り付けた場合において，次に適合すること．

(i) 定格電流の1.1倍の電流に耐えること．

(ii) 定格電流の区分に応じ，定格電流の1.6倍および2倍の電流を通じた場合において，規定の時間内に溶断すること（第3.2表参照）．

第3.2表　ヒューズの溶断時間（30〔A〕以下のみ抜粋）

定格電流の区分	溶断時間	
	定格電流の1.6倍の電流を通じた場合	定格電流の2倍の電流を通じた場合
30〔A〕以下	60分	2分

(c) 低圧電路に施設する非包装ヒューズは，原則として，つめ付ヒューズであること．

(d) 過電流遮断器として低圧電路に施設する配線用遮断器は，次の各号に適合するものであること．
  (i) 定格電流の1倍の電流で自動的に動作しないこと．
  (ii) 定格電流の区分に応じ，定格電流の1.25倍および2倍の電流を通じた場合において，規定の時間内に自動的に動作すること（第3.3表参照）．

第3.3表　配電用遮断器の動作時間（30〔A〕以下のみ抜粋）

定格電流の区分	動作時間	
	定格電流の1.25倍の電流を通じた場合	定格電流の2倍の電流を通じた場合
30〔A〕以下	60分	2分

(e) 過電流遮断器として低圧電路に施設する過負荷保護装置と短絡保護専用遮断器または短絡保護専用ヒューズを組み合わせた装置は，電動機のみに至る低圧電路で使用し，次に適合すること．
  (i) 過負荷保護装置は，電動機が焼損するおそれがある過電流を生じた場合に，自動的にこれを遮断すること．
  (ii) 短絡保護専用遮断器は，過負荷保護装置が短絡電流によって焼損する前に，当該短絡電流を遮断する能力を有すること．定格電流の1倍の電流で自動的に動作しないこと．また，整定電流の1.2倍の電流を通じた場合において，0.2秒以内に自動的に動作すること．
  (iii) 短絡保護専用ヒューズは，過負荷保護装置が短絡電流によって焼損する前に，当該短絡電流を遮断する能力を有すること．定格電流の1.3倍の電流に耐えること．また，整定電流の10倍の電流を通じた場合において，20秒以内に溶断すること．
  (iv) 過負荷保護装置と短絡保護専用遮断器または短絡保護専用ヒューズは，専用の1の箱の中に収めること．

(8) 特別高圧・高圧電路に施設する過電流遮断器の性能（電技解釈第34条）
(a) 高圧または特別高圧の電路に施設する過電流遮断器は，電路に短絡を生じたときに作動するものにあってはこれを施設する箇所を通過する短絡電流を遮断する能力を有すること．その作動に伴いその開閉状態を表示する装置を有するか，その開閉状態を容易に確認できること．

(b) 過電流遮断器として高圧電路に施設する包装ヒューズは，定格電流の1.3倍の電流に耐え，かつ，2倍の電流で120分以内に溶断するものであること．または，日本工業規格「高圧限流ヒューズ」に適合すること．

(c) 過電流遮断器として高圧電路に施設する非包装ヒューズは，定格電流の1.25倍の電流に耐え，かつ，2倍の電流で2分以内に溶断するものであること．

(9) 避雷器等の施設（電技解釈第37条）

(a) 高圧および特別高圧の電路中で次の箇所またはこれに近接する箇所には，避雷器を施設すること．

(i) 発電所または変電所もしくはこれに準ずる場所の架空電線の引込口

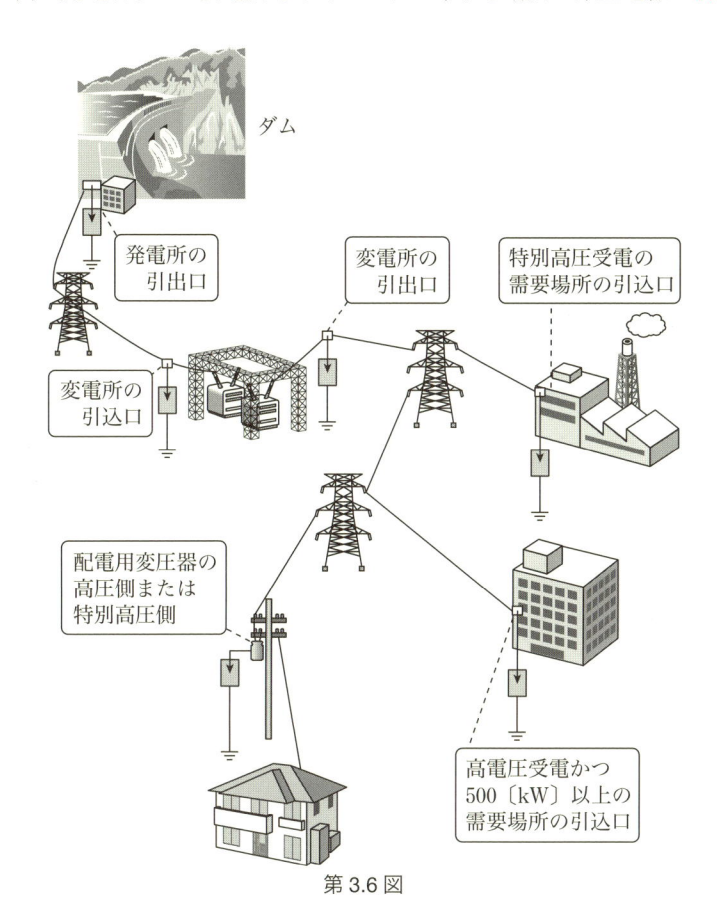

第3.6図

（需要場所の引込口を除く）および引出口．
(ii)　架空電線路に接続する配電用変圧器（一次電圧：35 000〔V〕以下の特別高圧，二次電圧：高圧または低圧）の高圧側および特別高圧側．
(iii)　高圧架空電線路から電気の供給を受ける受電電力が500〔kW〕以上の需要場所の引込口．
(iv)　特別高圧架空電線路から電気の供給を受ける需要場所の引込口．
(b)　高圧および特別高圧の電路に施設する避雷器には，A種接地工事を施すこと（接地工事についてはStep 2参照）．

> **練習問題**
> 次の文章は，裸電線および絶縁電線の接続方法の基本事項について「電気設備技術基準の解釈」に規定されている記述の一部である．空白箇所(ア)～(エ)に当てはまる語句を埋めよ．
> 1. 電線の ア を増加させないように接続すること．
> 2. 電線の イ を20〔%〕以上減少させないこと．
> 3. 接続部分には ウ その他の器具を使用し，またはろう付けすること．
> 4. 絶縁電線相互を接続する場合は，接続部分をその部分の絶縁電線の絶縁物と同等以上の エ のあるもので十分被覆すること（当該絶縁物と同等以上の エ のある接続器を使用する場合を除く）．

【解答】　(ア)　電気抵抗，(イ)　引張強さ，(ウ)　接続管，(エ)　絶縁効力
【ヒント】　電技解釈第12条

STEP 2

接地工事の種類・目的・接地の方法

　接地は重要な保安処置であり，種類，目的，接地方法など覚えるべきことがたくさんあります．電技第10条・第11条をもとに，電技解釈の複数条項で規定していますので，まとめて解説します．

(1)　**接地工事の種類（電技解釈第17条）**
　電技ではA種接地工事，B種接地工事，C種接地工事，D種接地工事の4種類の接地工事を規定しており，第3.4表，第3.5表のように接地抵抗値

が定められています．

なお，B種接地工事の抵抗値の計算方法の詳細は，4章 Lesson 2 にて解説します．

第3.4表　接地工事の種類と抵抗値

種類	接地抵抗値
A種	10〔Ω〕以下
B種	第3.5表参照
C種	10〔Ω〕以下，地絡時に0.5秒以内に自動的に遮断する場合は500〔Ω〕以下（C種接地工事を施すべき金属体と大地との間の電気抵抗が10〔Ω〕以下の場合はC種接地工事を施したものとみなす）
D種	100〔Ω〕以下，地絡時に0.5秒以内に自動的に遮断する場合は500〔Ω〕以下（D種接地工事を施すべき金属体と大地との間の電気抵抗が100〔Ω〕以下の場合はD種接地工事を施したものとみなす）

第3.5表　B種接地工事の抵抗値

高圧・特別高圧電路と低圧電路の混触時の自動遮断時間		接地抵抗値（〔Ω〕以下）
下記以外の場合		$150/I_g$
高圧または特別高圧電路（35 000〔V〕以下）と低圧電路を結合する場合	1秒を超え2秒以下	$300/I_g$
^	1秒以下	$600/I_g$

I_g は，当該変圧器の高圧側または特別高圧側の1線地絡電流（単位：〔A〕）

(2) 接地工事の目的と場所

接地には，感電・漏電火災の防止，異常電圧の抑制等を目的とした保安用接地，避雷器の雷放電電流を大地へ逃がすことを目的とした避雷用接地，電子機器の正常動作を確保するための等電位化接地，雑音対策接地があります．電技解釈で規定しているのは保安用接地と避雷用接地であり，第3.6表のような場所に接地をします．

第 3.6 表　接地工事の適用場所

種類	適用場所
A 種	・特別高圧計器用変成器の二次側電路（第 28 条） ・変圧器によって特別高圧電路に結合される高圧電路の放電装置（第 25 条） ・特別高圧用・高圧用機械器具の金属製台および金属製外箱（第 29 条） ・高圧および特別高圧の電路に施設する避雷器（第 37 条） ・高圧屋側電線路，高圧屋内配線に使用する管その他のケーブルを収める防護装置の金属製部分，金属製電線接続箱およびケーブルの被覆に使用する金属体（第 111 条，第 168 条） ※漏電による感電の危険度を低減と電路保護が目的
B 種	高圧電路または特別高圧電路と低圧電路とを結合する変圧器の低圧側の中性点，または低圧側の 1 端子，巻線間に設けた金属製の混触防止板（第 24 条） ※混触時に低圧電路の電位上昇を防止し，低圧電路を保護することが目的
C 種	・300〔V〕を超える低圧用機械器具の金属製台および金属製外箱（第 29 条） ※漏電による感電の危険度を低減するのがおもな目的
D 種	・高圧計器用変成器の二次側電路（第 28 条） ・300〔V〕以下の低圧用機械器具の金属製台および金属製外箱（第 29 条） ・低高圧架空電線にケーブルを使用する場合のちょう架用線およびケーブルの被覆に使用する金属体（第 67 条） ・アーク溶接装置の被溶接材，溶接材と電気的に接続される持具，定盤等の金属体（第 190 条） ※漏電による感電の危険度を低減するのがおもな目的

(3) 接地線の種類（電技解釈第 17 条）

接地線は，容易に腐食し難い金属線であって，故障の際に流れる電流を安全に通じることができるものである必要があり，接地工事の種類に応じて強度や材質が定められています（第 3.7 表参照）．

第 3.7 表　接地線の種類

種類	接地線の種類
A 種	引張強さ 1.04〔kN〕以上の容易に腐食し難い金属線または直径 2.6〔mm〕以上の軟銅線
B 種	引張強さ 2.46〔kN〕以上の容易に腐食し難い金属線または直径 4〔mm〕以上の軟銅線（高圧電路または第 108 条に規定する特別高圧架空電線路の電路と低圧電路とを変圧器により結合するものである場合は，引張強さ 1.04〔kN〕以上の容易に腐食し難い金属線または直径 2.6〔mm〕以上の軟銅線）
C 種 D 種	引張強さ 0.39〔kN〕以上の容易に腐食し難い金属線または直径 1.6〔mm〕以上の軟銅線

Lesson 1　総則（電技解釈第 1 章）

(4) 接地工事の方法（電技解釈第 17 条）

人が触れるおそれがある場所に A 種接地工事または B 種接地工事を施設する場合は，次により施工しなければなりません（第 3.3 図参照）．

(a) 接地極は，地下 75〔cm〕以上の深さに埋設すること．

(b) 接地極を鉄柱その他の金属体に近接して施設する場合は，接地極を鉄柱（金属体）の底面から 30〔cm〕以上の深さで，または地中でその金属体から 1〔m〕以上離して埋設すること．

(c) 接地線には，絶縁電線（屋外用ビニル絶縁電線を除く）またはケーブル（通信用ケーブル以外）を使用すること．ただし，接地線を鉄柱その他の金属体に沿って施設する場合以外の場合には，接地線の地表上 60〔cm〕を超える部分については，この限りでない．

(d) 接地線の地下 75〔cm〕から地表上 2〔m〕までの部分は，電気用品安全法の適用を受ける合成樹脂管（厚さ 2〔mm〕未満の合成樹脂製電線管および CD 管を除く）またはこれと同等以上の絶縁効力および強さのあるもので覆うこと．

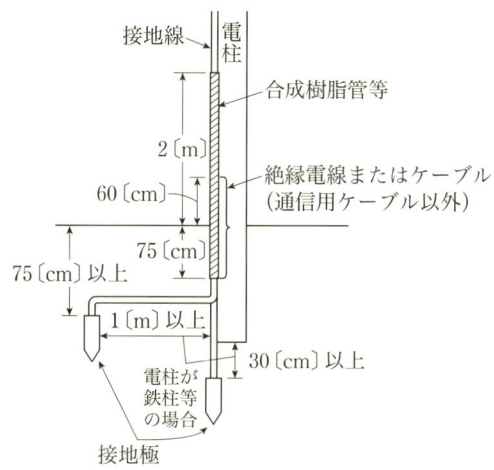

第 3.7 図　接地線・接地極の施工方法

(5) 工作物の金属体を利用した接地工事（電技解釈第 18 条）

(a) 鉄骨造，鉄骨鉄筋コンクリート造または鉄筋コンクリート造の建物において，一定条件を満たしている場合に，建物の鉄骨等（鉄骨，鉄筋，その他の金属体）を接地抵抗値によらず，A 種，B 種，C 種，D 種の

接地工事の接地極として使用することができます．

(b) 大地との間の電気抵抗値が 2〔Ω〕以下の値を保っている建物の鉄骨その他の金属体は，非接地式高圧電路に施設する機械器具等に施す A 種接地工事，非接地式高圧電路と低圧電路を結合する変圧器に施す B 種接地工事の接地極に使用することができます．

(c) 地中に埋設され，かつ，大地との間の電気抵抗値が 3〔Ω〕以下の値を保っている金属製水道管路は，一定の条件を満たしている場合に，A 種，B 種，C 種，D 種の接地工事の接地極として使用することができます．

練習問題

次の文章は，「電気設備技術基準の解釈」に基づく接地工事の接地線に関する記述である．空白箇所(ア)〜(オ)に当てはまる語句または数値を埋めよ．

接地工事の接地線には，原則として，A 種接地工事では引張強さ 1.04〔kN〕以上の容易に腐食し難い金属線または直径 (ア) 〔mm〕以上の (イ) 銅線，B 種接地工事では引張強さ 2.46〔kN〕以上の容易に腐食し難い金属線または直径 (ウ) 〔mm〕以上の (イ) 銅線，C 種接地工事および D 種接地工事では引張強さ 0.39〔kN〕以上の容易に腐食し難い金属線または直径 (エ) 〔mm〕以上の (イ) 銅線であって，故障の際に流れる電流を安全に通ずることができるものを使用すること．

A 種接地工事または B 種接地工事を施す場合は，接地線の地下 75〔cm〕から地表上 (オ) 〔m〕までの部分は，電気用品安全法の適用を受ける合成樹脂管またはこれと同等以上の絶縁効力および強さのあるもので覆うこと．

【解答】 (ア) 2.6, (イ) 軟, (ウ) 4.0, (エ) 1.6, (オ) 2
【ヒント】 電技解釈第 17 条

第3章 Lesson 2　発電所等（電技解釈第2章）と風力発電技術基準

STEP 0　事前に知っておくべき事項

　電技解釈第2章では，おもに発電所に関する技術基準の解釈を規定しています．
　また，"電気設備技術基準"とは別に"発電用風力設備に関する技術基準を定める省令"が定められており，これの"解釈"も併せて提示されていますので，風力発電についても解説します．
　ここで解説する事項は，小水力発電，太陽光発電，燃料電池，風力発電といった分散型電源，再生可能エネルギーに関連するものであり，近年脚光を浴びている分野です．電験での出題傾向も高くなっていますので，しっかり勉強しておきましょう．
　なお，分散型電源に関する用語については，Lesson 4で解説します．

覚えるべき重要ポイント

- 発電機や燃料電池は，過電流を生じた場合に，電路から自動的に遮断する．
- 発電機(※1)を駆動する水車や風車の圧油装置の油圧，制御装置の電源電圧が著しく低下した場合は，自動的に電路から遮断する．
- 水車発電機(※1)，蒸気タービン(※1)のスラスト軸受または燃料電池の温度が著しく上昇した場合は，自動的に電路から遮断する．
- 発電機(※1)の内部に故障を生じた場合，自動的に電路から遮断する．
- 燃料電池や太陽電池は充電部分が露出しないように施設する．
- 太陽電池モジュールに接続する負荷側の電路には，その接続点に近接して開閉器を施設する．
- 太陽電池モジュールを並列に接続する電路には，その電路に短絡を生じた場合に電路を保護する過電流遮断器を施設すること．

(※1) 対象となる発電機，タービンの容量についてはStep 1参照．

STEP 1

(1) 発電機の保護装置（電技解釈第42条）

次の場合に，発電機を自動的に電路から遮断する装置を施設することを定めています．

(a) 発電機に過電流を生じた場合（原子力発電所に施設する非常用予備発電機にあっては，非常用炉心冷却装置が作動した場合を除く）

(b) 容量が500〔kV・A〕以上の発電機を駆動する水車の圧油装置の油圧または制御装置等（電動式ガイドベーン制御装置，電動式ニードル制御装置もしくは電動式デフレクタ制御装置）の電源電圧が著しく低下した場合

(c) 容量が100〔kV・A〕以上の発電機を駆動する風車の圧油装置の油圧，圧縮空気装置の空気圧または電動式ブレード制御装置の電源電圧が著し

第3.8図

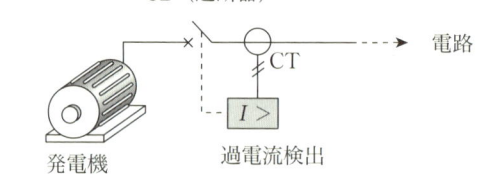

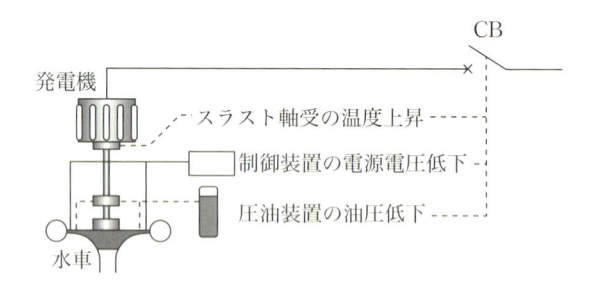

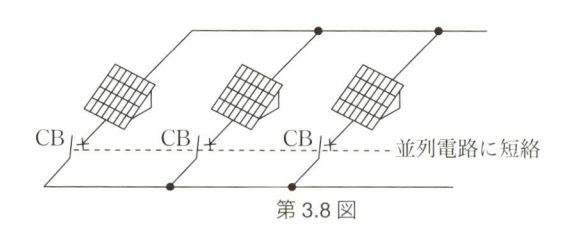

く低下した場合
(d) 容量が2 000〔kV・A〕以上の水車発電機のスラスト軸受の温度が著しく上昇した場合
(e) 容量が10 000〔kV・A〕以上の発電機の内部に故障を生じた場合
(f) 定格出力が10 000〔kW〕を超える蒸気タービンにあっては，そのスラスト軸受が著しく摩耗し，またはその温度が著しく上昇した場合

(2) **燃料電池の施設（電技解釈第45条）**
燃料電池発電所の燃料電池，電線および開閉器その他器具は，次のように施設しなければなりません．
(a) 燃料電池には，次の場合に燃料電池を自動的に電路から遮断し，また，燃料電池内の燃料ガスの供給を自動的に遮断するとともに，燃料電池内の燃料ガスを自動的に排除する装置を施設すること．
　(i) 燃料電池に過電流が生じた場合
　(ii) 発電要素の発電電圧に異常低下が生じた場合，または燃料ガス出口における酸素濃度もしくは空気出口における燃料ガス濃度が著しく上昇した場合
　(iii) 燃料電池の温度が著しく上昇した場合
(b) 充電部分が露出しないように施設すること．
(c) 直流幹線部分の電路に短絡を生じた場合に，当該電路を保護する過電流遮断器を施設すること．ただし，次のいずれかの場合を除く．
　(i) 電路が短絡電流に耐えるものである場合
　(ii) 燃料電池と電力変換装置とが一の筐体に収められた構造のものである場合
(d) 燃料電池および開閉器その他の器具に電線を接続する場合は，ねじ止めその他の方法により，堅ろうに接続するとともに，電気的に完全に接続し，接続点に張力が加わらないように施設すること．
(e) 小出力発電設備として使用する燃料電池発電設備に接続する電路に地絡が生じたときに，電路を自動的に遮断し，燃料電池への燃料ガスの供給を自動的に遮断する装置を施設すること（電技解釈第200条）．

(3) **太陽電池モジュールの施設（電技解釈第200条）**
小出力発電設備として使用する太陽電池発電所の太陽電池モジュール，電

線および開閉器その他の器具は，次のように施設することを規定しています．
- (a) 充電部分が露出しないように施設すること．
- (b) 太陽電池モジュールに接続する負荷側の電路（複数の太陽電池モジュールを施設する場合にあっては，その集合体に接続する負荷側の電路）には，その接続点に近接して開閉器その他これに類する器具（負荷電流を開閉できるものに限る）を施設すること．
- (c) 太陽電池モジュールを並列に接続する電路には，その電路に短絡を生じた場合に電路を保護する過電流遮断器その他の器具を施設すること．ただし，当該電路が短絡電流に耐えるものである場合は，この限りでない．
- (d) 電線は，次によること．ただし，機械器具の構造上その内部に安全に施設できる場合は，この限りでない．
    - (i) 電線は，直径1.6〔mm〕の軟銅線またはこれと同等以上の強さおよび太さのものであること．
    - (ii) 合成樹脂管工事，金属管工事，金属可とう電線管工事またはケーブル工事により施設すること．
- (e) 太陽電池モジュールおよび開閉器その他の器具に電線を接続する場合は，ねじ止めその他の方法により，堅ろうに，かつ，電気的に完全に接続するとともに，接続点に張力が加わらないようにすること．

（補足）電技解釈第42条，第45条，第200条の類似点

電技解釈第42条，第45条，第200条はいずれも発電装置に関する保護装置等が定められています．相互に類似した規定がありますから，一緒に覚えておくと効果的です．

〈第42条（発電機）・第45条（燃料電池）〉
- ・発電機または燃料電池に過電流が生じた場合，水車発電機のスラスト軸受または燃料電池の温度が著しく上昇した場合は，自動的に電路から遮断する．

〈第45条（燃料電池）・第200条（太陽電池）〉
- ・充電部分が露出しないように施設する．
- ・電路に短絡を生じた場合に当該電路を保護する過電流遮断器を施設する．

Lesson 2　発電所等（電技解釈第2章）と風力発電技術基準

3 電気設備技術基準の解釈

練習問題

次の文章は，「電気設備技術基準の解釈」における，燃料電池等の施設についての記述である．空白箇所(ア)～(オ)に適切な語句を埋めよ．

燃料電池発電所の燃料電池，電線および開閉器その他器具は，次のように施設すること．

a. 燃料電池には，次の場合に燃料電池を自動的に[(ア)]から遮断し，また，燃料電池内の燃料ガスの供給を自動的に遮断するとともに，燃料電池内の燃料ガスを自動的に排除する装置を施設すること．
　①燃料電池に[(イ)]が生じた場合．
　②発電要素の発電電圧に異常低下が生じた場合，または燃料ガス出口における酸素濃度もしくは空気出口における燃料ガス濃度が著しく上昇した場合．
　③燃料電池の[(ウ)]が著しく上昇した場合．
b. [(エ)]が露出しないように施設すること．
c. 直流幹線部分の電路に[(オ)]を生じた場合に，当該電路を保護する過電流遮断器を施設すること．

【解答】　(ア)　電路，(イ)　過電流，(ウ)　温度，(エ)　充電部分，(オ)　短絡
【ヒント】　電技解釈第45条

STEP 2
発電用風力設備技術基準

風力発電については電技とは別の省令（発電用風力設備に関する技術基準を定める省令（以下"発電用風力設備技術基準"と略））により技術上の基準を定めていますが，電技解釈第42条，第45条，第200条と類似した規定がありますので，続けて解説します．

(1) 風車の構造（発電用風力設備技術基準第4条）

風車は，次の構造としなければなりません．
(a) 負荷を遮断したときの最大速度に対し，構造上安全であること．
(b) 風圧に対して構造上安全であること．
　（風圧：風車の受風面の垂直投影面積が最大の状態において，風車が

77

受ける最大風圧）

(c) 運転中に風車に損傷を与えるような振動がないように施設すること．

(d) 通常想定される最大風速においても取扱者の意図に反して風車が起動することのないように施設すること．

(e) 運転中に他の工作物，植物等に接触しないように施設すること．

(2) **風車の自動停止（発電用風力設備技術基準第5条）**

風車は，次の各号の場合に安全かつ自動的に停止するような措置を講じなければなりません．

(a) 回転数が著しく上昇した場合

(b) 風車の制御装置の機能が著しく低下した場合

(3) **圧油装置および圧縮空気装置の危険防止（発電用風力設備技術基準第6条）**

発電用風力設備として使用する圧油装置および圧縮空気装置は，次のように施設しなければなりません．

(a) 圧油タンクおよび空気タンクの材料および構造は，最高使用圧力に対して十分に耐え，かつ，安全なものであること．

(b) 圧油タンクおよび空気タンクは，耐食性を有するものであること．

(c) 圧力が上昇する場合において，当該圧力が最高使用圧力に到達する以前に当該圧力を低下させる機能を有すること．

(d) 圧油タンクの油圧または空気タンクの空気圧が低下した場合に圧力を自動的に回復させる機能を有すること．

(e) 異常な圧力を早期に検知できる機能を有すること．

(4) **風車を支持する工作物（発電用風力設備技術基準第7条）**

風車を支持する工作物は，自重，積載荷重，積雪および風圧並びに地震その他の振動および衝撃に対して構造上安全でなければなりません．

練習問題

次の文章は,「発電用風力設備に関する技術基準を定める省令」における記述である. 空白箇所(ア)〜(オ)に適切な語句を埋めよ.

a. 風車は, 次の構造としなければならない.
　①負荷を遮断したときの　(ア)　に対し, 構造上安全であること.
　②　(イ)　に対して構造上安全であること.
　　(風圧:風車の受風面の垂直投影面積が最大の状態において, 風車が受ける最大風圧)
　③運転中に風車に損傷を与えるような　(ウ)　がないように施設すること.
　④通常想定される最大風速においても取扱者の意図に反して風車が　(エ)　することのないように施設すること.
　⑤運転中に他の工作物, 植物等に接触しないように施設すること.
b. 風車を支持する工作物は, 自重, 積載荷重,　(オ)　および風圧並びに地震その他　(ウ)　および衝撃に対して構造上安全でなければならない.

【解答】 (ア) 最大速度, (イ) 風圧, (ウ) 振動, (エ) 起動, (オ) 積雪

【ヒント】 a. 発電用風力設備技術基準第4条
　　　　　b. 発電用風力設備技術基準第7条

第3章 Lesson 3　電線路（電技解釈第3章）

STEP 0　事前に知っておくべき事項

　電技解釈第3章では低圧，高圧，特別高圧の電線路に関して規定しています．電気主任技術者（3種）が従事するのは，おもに低圧，高圧の電気工作物ですから，低圧，高圧に関することが試験で出題されています．したがって，ここでは低圧，高圧の電線路について解説します．

覚えるべき重要ポイント

- 架空電線路の支持物に足場金具等を施設する場合は，地表上 1.8 (m) 以上に施設すること．
- ちょう架用線およびケーブルの被覆に使用する金属体には，D種接地工事を施すこと．
- 低圧保安工事，高圧保安工事における電線には，ケーブルを使用するか，引張強さ 8.01 (kN) 以上または直径 5 (mm) 以上（300 (V) 以下の場合は引張強さ 5.26 (kN) 以上または直径 4 (mm) 以上）の硬銅線を使用すること．
- 木柱，A種鉄筋コンクリート柱またはA種鉄柱の径間は，原則として 100 (m) 以下とすること．
- 地中電線路は，車両その他の重量物による圧力に耐え，かつ，掘削からの影響を受けないように施設しなければならない．
- 地中電線路は，電線にケーブルを使用し，かつ，管路式，暗きょ式または直接埋設式により施設すること．
- 地中電線路を直接埋設式により施設する場合，地中電線の埋設深さを，重量物の圧力を受けるおそれがある場所においては 1.2 (m) 以上，その他の場所においては 0.6 (m) 以上とすること．

STEP 1

(1) 用語の定義（電技解釈第49条）

第49条では電線路に係る用語を定義しています．第1条の用語と同様，確実に理解しておいてください．

- 「想定最大張力」とは，高温季および低温季の別に，それぞれの季節において想定される最大張力をいう．ただし，異常着雪時想定荷重の計算に用いる場合にあっては，気温0〔℃〕の状態で架渉線に着雪荷重と着雪時風圧荷重との合成荷重が加わった場合の張力．

- 「第1次接近状態」とは，架空電線が他の工作物の上方または側方において，水平距離で3〔m〕以上，かつ，架空電線路の支持物の地表上の高さに相当する距離以内に施設されることにより，架空電線路の電線の切断，支持物の倒壊等の際に，当該電線が他の工作物に接触するおそれがある状態をいう（第3.9図において，半径 l_1 の範囲内であり，第2次接近状態の範囲を除く部分をいう）．

- 「第2次接近状態」とは，架空電線が他の工作物の上方または側方において水平距離で3〔m〕未満に施設される状態をいう（距離の基準は架空電線であり，支持物の高さではない．第3.9図参照）．

- 「接近状態」とは，第1次接近状態および第2次接近状態をいう．

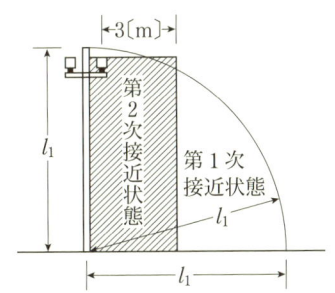

l_1：支持物の高さ
第1次接近状態の範囲には，第2次接近状態の範囲は含まない
第3.9図　第1次・第2次接近状態

(2) 架空電線路の支持物の昇塔防止（電技解釈第53条）

架空電線路の支持物に取扱者が昇降に使用する足場金具等を施設する場合は，地表上1.8〔m〕以上に施設すること．ただし，次の各号のいずれかに

該当する場合はこの限りではありません．
- 足場金具等が内部に格納できる構造である場合
- 支持物に昇塔防止のための装置を施設する場合
- 支持物の周囲に取扱者以外の者が立ち入らないように，さく，へい等を施設する場合
- 支持物を山地等であって人が容易に立ち入るおそれがない場所に施設する場合

(3) **低高圧架空電線路の架空ケーブル（電技解釈第67条）**

低圧架空電線または高圧架空電線にケーブルを使用する場合は，次によること．

(a) ケーブルをハンガーによりちょう架用線に支持する場合，ハンガーの間隔は 50〔cm〕以下であること．

(b) ちょう架用線は，引張強さ 5.93〔kN〕以上のものまたは断面積 22〔mm²〕以上の亜鉛めっき鉄より線であること．

(c) ちょう架用線およびケーブルの被覆に使用する金属体には，D種接地工事を施すこと．

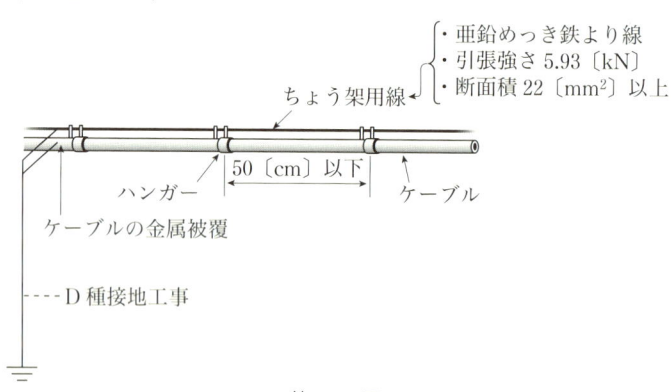

第3.10図

(4) **低圧保安工事および高圧保安工事の目的（電技解釈第70条など）**

低圧保安工事，高圧保安工事は，電線路の電線の断線，支持物の倒壊等による危険を防止するため必要な場合に行います．

(a) 次に該当する場合は，低圧架空電線に低圧保安工事を行うと規定しています．

- 高圧架空電線が低圧架空電線の下方に接近して施設される場合（電技解釈第74条）
- 低圧架空電線が，高圧の電車線等の上に交差して施設する場合，また，低圧架空電線を,特別高圧の電車線等の上方に接近して施設する場合(電技解釈第75条)

(b) 次に該当する場合は，高圧架空電線に高圧保安工事を行うと規定しています．
- 高圧架空電線が,建造物と接近状態に施設される場合(電技解釈第71条)
- 高圧架空電線が，道路，横断歩道橋，鉄道または軌道と接近状態，または道路等の上に交差して施設される場合（電技解釈第72条）
- 高圧架空電線が低圧架空電線と接近状態に施設される場合（電技解釈第74条）
- 高圧架空電線が他の高圧架空電線と接近または交差する場合の上方または側方に施設する高圧架空電線路（電技解釈第74条）
- 高圧架空電線が高圧の電車線等と接近状態，または電車線等の上に交差して施設される場合（電技解釈第75条）
- 高圧架空電線が，架空弱電流電線等，またはアンテナと接近状態に施設される場合（電技解釈第76条，第77条）
- 高圧架空電線が，他の工作物と接近状態に施設される場合，または他の工作物の上に交差して施設される場合において，高圧架空電線路の電線の切断，支持物の倒壊等の際に，高圧架空電線が他の工作物と接触することにより人に危険を及ぼすおそれがある場合（電技解釈第78条）

(5) **低圧保安工事および高圧保安工事の施設方法（電技解釈第70条）**

(a) 低圧保安工事は次のように行うことを定めています．
  (i) 電線にはケーブルを使用するか，引張強さ8.01〔kN〕以上のものまたは直径5〔mm〕以上の硬銅線（使用電圧が300〔V〕以下の場合は，引張強さ5.26〔kN〕以上のものまたは直径4〔mm〕以上の硬銅線）を使用する．
  (ii) 木柱は，風圧荷重に対する安全率が1.5以上であり，太さが末口で直径12〔cm〕以上であること．
  (iii) 径間は，第3.8表によること．

第3.8表　低圧・高圧保安工事における支持物の径間

支持物の種類	径間
木柱，A種鉄筋コンクリート柱またはA種鉄柱	100〔m〕以下
B種鉄筋コンクリート柱またはB種鉄柱	150〔m〕以下
鉄塔	400〔m〕以下

※低圧保安工事において電線に引張強さ8.71〔kN〕以上のものまたは断面積22〔mm²〕以上の硬銅より線を使用する場合，高圧保安工事において電線に引張強さ14.51〔kN〕以上のものまたは断面積38〔mm²〕以上の硬銅より線を使用する場合などは，上記よりも径間を長くできる．

(b) 高圧保安工事は次のように行うことを定めています．
　(i) 電線はケーブルである場合を除き，引張強さ8.01〔kN〕以上のものまたは直径5〔mm〕以上の硬銅線であること．
　(ii) 木柱の風圧荷重に対する安全率は，1.5以上であること．
　(iii) 径間は，第3.8表によること．

(6) **低圧架空引込線の施設方法（電技解釈第116条）**
低圧架空引込線は，次により施設することを定めています．
（架空引込線の定義については Lesson 1　Step 1(1)　⑤参照）
(a) 電線は，絶縁電線またはケーブルであること．
(b) 電線は，ケーブルである場合を除き，引張強さ2.30〔kN〕以上のものまたは直径2.6〔mm〕以上の硬銅線であること．ただし，径間が15〔m〕以下の場合に限り，引張強さ1.38〔kN〕以上のものまたは直径2〔mm〕以上の硬銅線を使用することができる．
(c) 電線が屋外用ビニル絶縁電線である場合は，人が通る場所から手を伸ばしても触れることのない範囲に施設すること．
(d) 電線が屋外用ビニル絶縁電線以外の絶縁電線である場合は，人が通る場所から容易に触れることのない範囲に施設すること．

(7) **地中電線路の施設方法（電技解釈第120条）**
(a) 地中電線路は，電線にケーブルを使用し，かつ，管路式，暗きょ式または直接埋設式により施設すること．管路式には電線共同溝方式を，暗きょ式にはキャブ（ふた掛け式のU字構造物）を含む（第3.11図参照）．

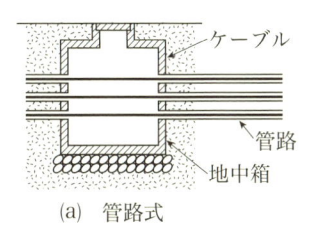

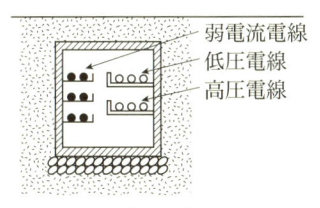

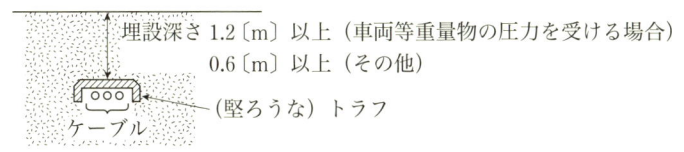

(a) 管路式
(b) 暗きょ（洞道式）
(c) 直接埋設式

第3.11図　地中電線の埋設方法

(b) 管路式により施設する場合，電線を収める管はこれに加わる車両その他の重量物の圧力に耐えるものであること．
(c) 地中電線路を暗きょ式により施設する場合，暗きょは車両その他の重量物の圧力に耐えるものであり，次のいずれかにより，防火措置を施すこと．
　(i) 地中電線に耐燃措置を施す．
　(ii) 暗きょ内に自動消火設備を施設する．
(d) 地中電線路を直接埋設式により施設する場合，地中電線の埋設深さは，車両その他の重量物の圧力を受けるおそれがある場所においては1.2〔m〕以上，その他の場所においては0.6〔m〕以上であること（ただし，使用するケーブルの種類，施設条件等を考慮し，これに加わる圧力に耐えるよう施設する場合はこの限りでない）．また，地中電線を，堅ろうなトラフ等の防護物に収め，衝撃から防護する．

(8) **地中電線の接近または交差（電技解釈第125条）**

低圧地中電線と高圧地中電線，低圧もしくは高圧の地中電線と特別高圧地中電線とが接近または交差する場合は，次のいずれかによること（地中箱内を除く）．
(a) 低圧地中電線と高圧地中電線との離隔距離を0.15〔m〕以上とする．
　また，低圧または高圧の地中電線と特別高圧地中電線との離隔距離は0.3

〔m〕以上とする．
(b) 地中電線相互の間に堅ろうな耐火性の隔壁を設ける．
(c) いずれかの地中電線が，不燃性の被覆を有するか，または堅ろうな不燃性の管に収められている．
(d) それぞれの地中電線が，自消性のある難燃性の被覆を有するか，または堅ろうな自消性のある難燃性の管に収められている．

練習問題

次の文章は，「電気設備技術基準の解釈」に基づく，高圧架空電線が低圧架空電線と接近状態に施設される場合に適用される高圧保安工事に関しての記述である．空白箇所(ア)～(エ)に当てはまる語句または数値を埋めよ．

a. 電線は (ア) である場合を除き，引張強さ 8.01〔kN〕以上のものまたは直径 (イ) 〔mm〕以上の硬銅線であること．
b. 木柱の風圧荷重に対する安全率は， (ウ) 以上であること．
c. 支持物に木柱，A 種鉄柱または A 種鉄筋コンクリート柱を使用する場合の径間は， (エ) 〔m〕以下であること．

【解答】 (ア) ケーブル，(イ) 5，(ウ) 1.5，(エ) 100
【ヒント】 電技解釈第 70 条

第3章 Lesson 4　電気使用場所の施設，分散型電源の系統連系設備（電技解釈第5章，第8章）

STEP 0　事前に知っておくべき事項

電技解釈第5章では，おもに"電気の使用場所の施設"について規定しています．このうち，"対地電圧の制限"，"低圧屋内配線の工事の種類"は，第3種電気主任技術者にとって関わりの深い事項を規定しています．低圧屋内配線の各種工法については，工事の特徴をイメージとしてつかんでおくと"電技解釈で規定する内容・目的"が理解しやすいので，Step 2 で図を用いながらまとめて解説します．

分散型電源は，最近脚光を浴びている分野ですが，系統連系に関する特有の用語が使われています．似ていても意味が異なる用語がいくつかありますから，確実に理解しておきましょう．

覚えるべき重要ポイント

- 住宅の屋内電路（電気機械器具内の電路を除く）の対地電圧は，150〔V〕以下であること．
- 電気機械器具の使用電圧およびこれに電気を供給する屋内配線の対地電圧は，300〔V〕以下であること．
- 電気機械器具に電気を供給する電路には，専用の開閉器および過電流遮断器を施設すること．
- 電気機械器具に電気を供給する電路には，電路に地絡が生じたときに自動的に電路を遮断する装置を施設すること．
- 低圧幹線は，損傷を受けるおそれがない場所に施設すること．
- 低圧幹線の電源側電路には，当該低圧幹線を保護する過電流遮断器を施設すること．
- 低圧分岐回路には，低圧幹線との分岐点から電線の長さが3〔m〕以下の箇所に，過電流遮断器を施設すること．

- 低圧幹線の電線の許容電流は，供給される電気使用機械器具の定格電流の合計値以上であること．
- 「単独運転」とは，電力系統が系統電源と切り離された状態において，分散型電源が発電を継続し線路負荷に有効電力を供給している状態であり，「自立運転」とは，分散型電源が当該分散型電源設置者の構内負荷にのみ電力を供給している状態をいう．

STEP 1

(1) 電路の対地電圧の制限（電技解釈第 143 条）

住宅の屋内電路（電気機械器具内の電路を除く）の対地電圧は，150〔V〕以下であること．ただし，定格消費電力が 2〔kW〕以上の電気機械器具およびこれに電気を供給する屋内配線を次により施設する場合は，この限りでない．

(a) 屋内配線は，当該電気機械器具のみに電気を供給するものであること．

(b) 電気機械器具の使用電圧およびこれに電気を供給する屋内配線の対地電圧は，300〔V〕以下であること．

(c) 屋内配線，電気機械器具には，簡易接触防護措置を施すこと．

(d) 電気機械器具は，屋内配線と直接接続して施設すること．

(e) 電気機械器具に電気を供給する電路には，専用の開閉器および過電流遮断器を施設すること．ただし，過電流遮断器が開閉機能を有するものである場合は，過電流遮断器のみとすることができる．

(f) 電気機械器具に電気を供給する電路には，電路に地絡が生じたときに自動的に電路を遮断する装置を施設すること．

第 3.12 図

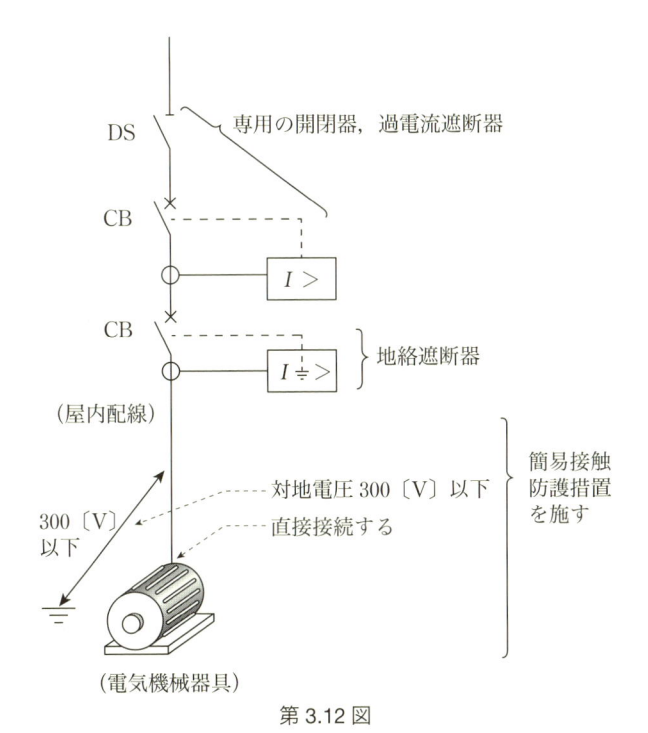

(2) 低圧幹線と分岐回路（電技解釈第142条，第148条，第149条）

「低圧幹線」とは，低圧屋内電路の引込口に近い箇所に施設する開閉器または変電所に準ずる場所に施設した低圧開閉器を起点とする，電気使用場所に施設する低圧の電路です．また，低圧幹線から分岐して電気機械器具に至る低圧電路を「低圧分岐回路」といいます（第3.13図参照）．

3 電気設備技術基準の解釈

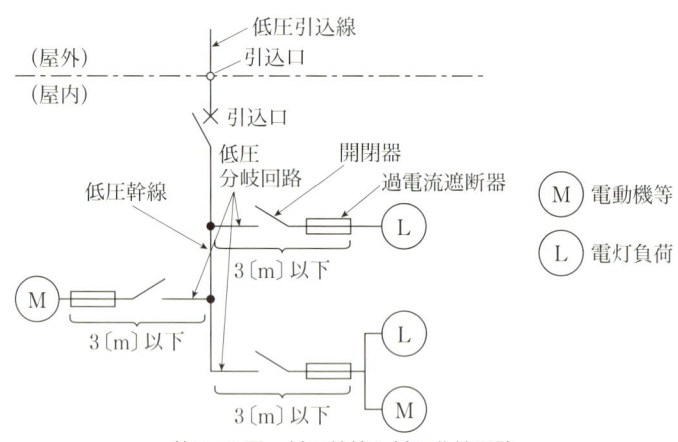

第3.13図　低圧幹線と低圧分岐回路

低圧幹線は，次のように施設することを規定されています．

(a) 損傷を受けるおそれがない場所に施設すること．
(b) 電線の許容電流は，低圧幹線の各部分ごとに，その部分を通じて供給される電気使用機械器具の定格電流の合計値以上であること．
　　ただし，当該低圧幹線に接続する負荷のうち，電動機またはこれに類する起動電流が大きい電気機械器具（以下"電動機等"と略）の定格電流の合計が，他の電気使用機械器具の定格電流の合計より大きい場合は，他の電気使用機械器具の定格電流の合計に次の値を加えた値以上であること．
　　(i) 電動機等の定格電流の合計が 50〔A〕以下の場合は，その定格電流の合計の 1.25 倍
　　(ii) 電動機等の定格電流の合計が 50〔A〕を超える場合は，その定格電流の合計の 1.1 倍
(c) 低圧幹線の電源側電路には，当該低圧幹線を保護する過電流遮断器を施設すること．ただし，次のいずれかに該当する場合は，この限りでない．
　　(i) 低圧幹線の許容電流が，当該低圧幹線の電源側に接続する他の低圧幹線を保護する過電流遮断器の定格電流の 55〔%〕以上である場合
　　(ii) 過電流遮断器に直接接続する低圧幹線または(i)に掲げる低圧幹線に接続する長さ 8〔m〕以下の低圧幹線であって，当該低圧幹線の許容

電流が，当該低圧幹線の電源側に接続する他の低圧幹線を保護する過電流遮断器の定格電流の 35〔%〕以上である場合

(iii) 過電流遮断器に直接接続する低圧幹線または(i)もしくは(ii)に掲げる低圧幹線に接続する長さ 3〔m〕以下の低圧幹線であって，当該低圧幹線の負荷側に他の低圧幹線を接続しない場合

(d) 低圧幹線を保護する過電流遮断器の定格電流は以下のようにすること．

(i) 低圧幹線の許容電流以下のものであること．

(ii) 低圧幹線に電動機等が接続される場合は，次の値以下であること．
（電動機等の定格電流の合計）×3
　　＋（他の電気使用機械器具の定格電流の合計）

(iii) (ii)で求めた値が低圧幹線の許容電流の 2.5 倍を超える場合は，次の値以下であること．
（低圧幹線の許容電流）×2.5

(e) 低圧分岐回路には，低圧幹線との分岐点から電線の長さが 3〔m〕以下の箇所に，過電流遮断器を施設すること．

(3) 移動電線の施設（電技解釈第 142 条，第 171 条）

「移動電線」とは，電気使用場所に施設する電線のうち造営物に固定しないものをいい，電球線および電気機械器具内の電線を除きます．次のように施設することを規定されています．

(a) 低圧の移動電線

(i) 移動電線と屋内配線との接続には，差込み接続器その他これに類する器具を用いること．ただし，移動電線をちょう架用線にちょう架して施設する場合は，この限りでない．

(ii) 移動電線と屋側配線または屋外配線との接続には，差込み接続器を用いること．

(iii) 移動電線と電気機械器具との接続には，差込み接続器その他これに類する器具を用いること．ただし，簡易接触防護措置を施した端子にコードをねじ止めする場合は，この限りでない．

(b) 高圧の移動電線

(i) 移動電線と電気機械器具とは，ボルト締めその他の方法により堅ろ

　　　　うに接続すること．
　　(ⅱ) 移動電線に電気を供給する電路には，専用の開閉器および過電流遮断器を各極（過電流遮断器にあっては，多線式電路の中性極を除く）に施設すること．ただし，過電流遮断器が開閉機能を有するものである場合は，過電流遮断器のみとすることができる．
　　(ⅲ) 移動電線に電気を供給する電路には，地絡を生じたときに自動的に電路を遮断する装置を施設すること．
　(c) 特別高圧の移動電線は，原則として施設できない．
(4) **分散型電源の系統連系に係る用語（電技解釈第220条）**
　分散型電源とは分散して配置される小規模電源です．具体的には，コージェネレーションシステム，小規模水力，燃料電池発電，太陽光発電，風力発電をいい，新型電池，超電導エネルギー貯蔵など電力貯蔵システムを含めることもあります．また，狭い意味では分散配置可能な小規模な新エネルギー発電を指します．
　分散型電源は，電力系統と連系して運用される場合，小規模とはいえ系統電源として機能することがありますから，系統の安全を確保するための規定がされており，これに関する用語が定義されています．
・「解列」とは，電力系統から切り離すこと
・「逆潮流」とは，分散型電源設置者の構内から，一般電気事業者が運用する電力系統側へ向かう有効電力の流れ
・「単独運転」とは，分散型電源を連系している電力系統が事故等によって系統電源と切り離された状態において，当該分散型電源が発電を継続し，線路負荷に有効電力を供給している状態
　　単独運転は，電力系統が系統電源を切り離して無電力状態にしようとしているのにもかかわらず分散電源から電力供給するため，危険な状態になる
・「逆充電」とは，分散型電源を連系している電力系統が事故等によって系統電源と切り離された状態において，分散型電源のみが連系している電力系統を加圧し，かつ，当該電力系統へ有効電力を供給していない状態
・「自立運転」とは，分散型電源が，連系している電力系統から解列された状態において，当該分散型電源設置者の構内負荷にのみ電力を供給してい

る状態
- 「転送遮断装置」とは，遮断器の遮断信号を通信回線で伝送し，別の構内に設置された遮断器を動作させる装置

※単独運転，逆充電，自立運転の各状態と，転流遮断装置の役割について，第3.14図で解説します．

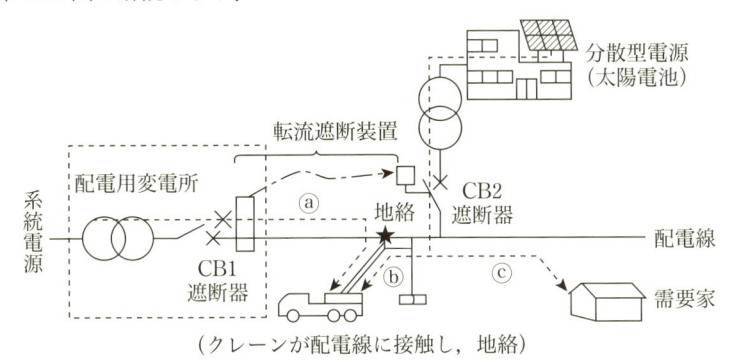

（クレーンが配電線に接触し，地絡）

* 系統電源から供給を受け，分散電源と接続されている配電線で地絡事故が生じ，配電変電所のCB1を開放し，系統電源電流ⓐを遮断した場合．

- 単独運転…分散型電源の発電力が大きく，CB2が閉路したままの場合で，他の需要家に電力電流ⓒを供給し続ける状態．…地絡電流ⓑも継続する可能性がある．

- 逆充電…分散型電源の発電力が小さく，自家消費電力を下回る場合でも，CB2が閉路したままだと配電線が加圧したままとなる状態．地絡電流ⓑが継続する可能性がある．

- 自立運転…配電変電所で地絡検出した場合，転流遮断装置により，CB2を開放することで，分散型電源が事故点へ地絡電流を送出することを遮断でき，かつ，自家構内の負荷に電力供給できる状態．

第3.14図　分散型電源の運転状態

> **練習問題**
>
> 次の文章は,「電気設備技術基準の解釈」に基づく,電気使用場所における屋内電路の対地電圧の制限に関する記述である.空白箇所(ア)～(オ)に当てはまる語句を埋めよ.
>
> 住宅の屋内電路(電気機械器具内の電路を除く)の対地電圧は,150〔V〕以下であること.ただし,定格消費電力が2〔kW〕以上の電気機械器具およびこれに電気を供給する屋内配線を次により施設する場合は,この限りでない.
>
> 1. 屋内配線は,当該電気機械器具のみに電気を供給するものであること.
> 2. 電気機械器具の使用電圧およびこれに電気を供給する屋内配線の対地電圧は, (ア) 〔V〕以下であること.
> 3. 屋内配線,電気機械器具には, (イ) を施すこと.
> 4. 電気機械器具は,屋内配線と (ウ) して施設すること.
> 5. 電気機械器具に電気を供給する電路には,専用の開閉器および (エ) を施設すること.ただし,過電流遮断器が開閉機能を有するものである場合は,過電流遮断器のみとすることができる.
> 6. 電気機械器具に電気を供給する電路には,電路に (オ) が生じたときに自動的に電路を遮断する装置を施設すること.

【解答】 (ア) 300, (イ) 簡易接触防護措置, (ウ) 直接接続,
(エ) 過電流遮断器, (オ) 地絡

【ヒント】 電技解釈第143条

STEP-2

(1) 低圧屋内配線の種類(電技解釈第156条)

低圧屋内配線は,第3.9表のいずれかの工事方法により施設することが規定されています.

第3.9表 低圧屋内配線工事の種類

施設場所の区分		使用電圧の区分	がいし引き工事	合成樹脂管工事	金属管工事	金属可とう電線管工事	金属線ぴ工事	金属ダクト工事	バスダクト工事	ケーブル工事	フロアダクト工事	セルラダクト工事	ライティングダクト工事	平形保護層工事
展開した場所	乾燥した場所	300〔V〕以下	○	○	○	○	○	○	○	○			○	
		300〔V〕超過	○	○	○	○		○	○	○				
	湿気の多い場所または水気のある場所	300〔V〕以下	○	○	○	○			○	○				
		300〔V〕超過	○	○	○	○			○	○				
点検できる隠ぺい場所	乾燥した場所	300〔V〕以下	○	○	○	○	○	○	○	○		○		○
		300〔V〕超過	○	○	○	○		○	○	○				
	湿気の多い場所または水気のある場所	—		○	○	○				○				
点検できない隠ぺい場所	乾燥した場所	300〔V〕以下		○	○	○				○	○	○		
		300〔V〕超過		○	○	○				○				
	湿気の多い場所または水気のある場所	—		○	○	○				○				

　合成樹脂管工事，金属管工事，金属可とう電線管工事，ケーブル工事はどの場所にも施設できます．また，金属線ぴ工事や金属ダクト工事は，湿気の多い場所または水気のある場所には適用できない工法です．なお，合成樹脂線ぴ工事は，平成23年改訂により電技解釈の規定から除かれています．

(2) 合成樹脂管工事（電技解釈第158条）

　合成樹脂管工事は，絶縁電線を合成樹脂管に収める工法です（第3.15図参照）．合成樹脂管には，硬質ビニル電線管，合成樹脂可とう管を用います．合成樹脂可とう管にはPF管とCD管があり，PF管は耐燃性がありますが，CD管は耐燃性がありません．次のように施設することが規定されています．

(a) 電線は，絶縁電線（屋外用ビニル絶縁電線を除く）を使用し，より線または直径3.2〔mm〕（アルミ線にあっては4〔mm〕）以下の単線でなければならない．

(b) 合成樹脂管内では，電線に接続点を設けてはならない．
(c) 管の支持点間の距離は 1.5〔m〕以下とし，かつ，その支持点は，管端，管とボックスとの接続点および管相互の接続点のそれぞれの近くに設けること．
(d) 電線管，ボックス，その他の附属品には，原則として電気用品安全法の適用を受けた製品を使用すること．
(e) CD管は，直接コンクリートに埋め込んで施設すること，もしくは，専用の不燃性または自消性のある難燃性の管またはダクトに収めて施設すること．

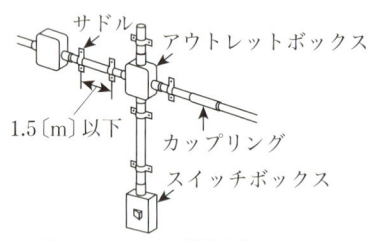

第 3.15 図　合成樹脂管工事の例

(3) 金属管工事（電技解釈第 159 条）

　金属管工事の構造は合成樹脂管工事と類似点が多く，規制内容も共通点が多いです．ただし，材質が金属であるために金属特有の規制があります．次のように施設することが規定されています（合成樹脂管工事の構造（第 3.15 図）と同様）．

(a) 電線は，絶縁電線（屋外用ビニル絶縁電線を除く）を使用し，より線または直径 3.2〔mm〕（アルミ線にあっては 4〔mm〕）以下の単線でなければならない．
(b) 金属管内では，電線に接続点を設けてはならない．
(c) 管は次の厚さとすること．
・コンクリートに埋め込むものは，1.2〔mm〕以上
・継手のない長さ 4〔m〕以下のものを乾燥した展開した場所に施設する場合は，0.5〔mm〕以上
・とくに規定するもの以外は 1〔mm〕以上
(d) 金属管には，原則として次の接地を施すこと．

- 使用電圧が 300〔V〕以下の場合：D 種接地
- 使用電圧が 300〔V〕超過の場合：C 種接地（接触防護措置を施す場合は D 種接地とすることができる）

(e) 金属管工事に使用する金属管およびボックスその他の付属品は，電気用品安全法の適用を受けたものまたは黄銅もしくは銅で堅ろうに製作したものを用いる．

(f) 湿気の多い場所または水気のある場所に施設する場合は，金属管およびボックスその他の附属品に，防湿装置を施すこと．

(4) 金属線ぴ工事（電技解釈第 161 条）

線ぴ工事とは，ベースとキャップで組み合わせた"とい"状の空間に電線を収める工法です（第 3.16 図参照）．次のように施設することが規定されています．

(a) 電線は，絶縁電線（屋外用ビニル絶縁電線を除く）であること．
(b) 金属線ぴ内では，原則として電線に接続点を設けないこと．
(c) 金属線ぴは，電気用品安全法の適用を受けるものか，または，黄銅または銅で堅ろうに製作し，内面を滑らかにしたもので，幅が〔5cm〕以下，厚さが〔0.5mm〕以上のものであること．
(d) 金属線ぴには，原則として D 種接地工事を施すこと．

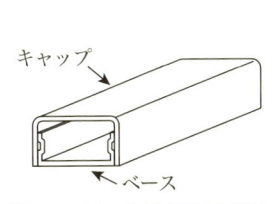

第 3.16 図　金属線ぴの構造

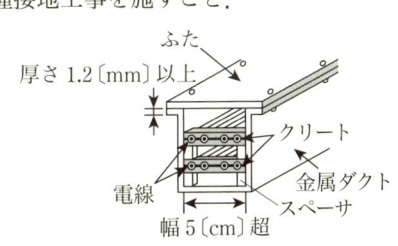

第 3.17 図　金属ダクトの構造

(5) 金属ダクト工事（電技解釈第 162 条）

金属ダクト工事は，おもに電気室からの幹線など多数の電線を収めて配線するのに用いられます（第 3.17 図参照）．次のように施設することが規定されています．

(a) 電線は，絶縁電線（屋外用ビニル絶縁電線を除く）であること．
(b) ダクトに収める電線の断面積（絶縁被覆の断面積を含む）の総和は，

原則として，ダクトの内部断面積の 20 〔%〕以下であること．
(c) ダクト内では，電線に接続点を設けないこと（ただし，電線を分岐する場合において，その接続点が容易に点検できる場合を除く）．
(d) 金属ダクト工事に使用するダクトは，幅が 5 〔cm〕を超え，かつ，厚さが 1.2 〔mm〕以上の鉄板またはこれと同等以上の強さを有する金属製のものであって，堅ろうに製作したものであること．
(e) 低圧屋内配線の使用電圧が 300 〔V〕以下の場合は，ダクトには D 種接地工事を施すこと．また，300 〔V〕を超える場合は，ダクトには C 種接地工事を施すこと．ただし，接触防護措置を施す場合は D 種接地工事によることができる．

(6) ケーブル工事（電技解釈第 164 条）

ケーブルは絶縁性に優れ耐久性があり，また，造営材に直接取り付けることができ，利便性が高い電線です．次のように施設することが規定されています．

(a) 重量物の圧力または著しい機械的衝撃を受けるおそれがある箇所に施設する電線には，適当な防護装置を設けること．
(b) 電線を造営材の下面または側面に沿って取り付ける場合は，電線の支持点間の距離をケーブルにあっては 2 〔m〕（接触防護措置を施した場合において垂直に取り付ける場合は 6 〔m〕）以下，キャブタイヤケーブルにおいては 1 〔m〕以下とし，かつ，その被覆を損傷しないように取り付けること．
(c) 管その他の電線を収める防護装置の金属製部分，金属製の電線接続箱および電線の被覆に使用する金属体には，接地工事を施すこと．
　使用電圧が 300 〔V〕以下：D 種接地工事
　使用電圧が 300 〔V〕超過：C 種接地工事（接触防護措置を施す場合は D 種接地によることができる）

Lesson 4 電気使用場所の施設，分散型電源の系統連系設備（電技解釈第5章，第8章）

練習問題

下表は，「電気設備技術基準の解釈」に基づき，使用電圧300〔V〕以下の低圧屋内配線工事をする施設場所の区分と工事の種類をまとめたものである．電気設備技術基準の解釈に適合しない工事の組み合わせは(1)～(5)のうちのどれか．

	施設場所の区分	工事の種類
(1)	展開した場所で，乾燥した場所	合成樹脂管工事
(2)	展開した場所で，水分のある場所	がいし引き工事
(3)	点検できる隠ぺい場所で，乾燥した場所	金属線ぴ工事
(4)	点検できる隠ぺい場所で，湿気の多い場所	金属ダクト工事
(5)	点検できない隠ぺい場所で，乾燥した場所	フロアダクト工事

【解答】 (4)

【ヒント】 電技解釈第156条

STEP-3 総合問題

【問題1】 次の文章は,「電気設備技術基準」および「電気設備技術基準の解釈」に基づくアークを生ずる器具の施設についての記述である. (ア)〜(オ)に適切な語句または数値を埋めよ.

電気設備技術基準では,「高圧または特別高圧の開閉器, 遮断器, 避雷器その他これらに類する器具であって, 動作時にアークを生ずるものは, 火災のおそれがないよう, (ア) の壁または天井その他の可燃性の物から離して施設しなければならない. ただし, (イ) の物で両者の間を隔離した場合は, この限りでない.」としている.

電気設備技術基準の解釈では, 上記の「 (ア) の壁または天井その他の可燃性の物から離して施設しなければならない.」について,「高圧用の開閉器等との離隔距離は (ウ) 〔m〕以上」,「特別高圧用の開閉器等との離隔距離は (エ) 〔m〕以上 (使用電圧が (オ) 〔V〕以下で, 動作時に生ずるアークの方向および長さを火災が発生するおそれがないように制限した場合にあっては (ウ) 〔m〕以上) 離すこととしている.」

【問題2】 次の文章は,「電気設備技術基準の解釈」に基づく低圧電路に施設する過電流遮断器の性能についての記述である. (ア)〜(オ)に適切な語句または数値を埋めよ.

1. 低圧電路に施設する過電流遮断器は, 通過する (ア) を遮断する能力を有するものであること.
2. 過電流遮断器として低圧電路に施設するヒューズは, (イ) に取り付けた場合において, 次に適合すること.
   a. 定格電流の1.1倍の電流に耐えること.
   b. 定格電流の区分に応じ, 定格電流の2倍の電流を通じた場合において, (ウ) 分以内に溶断すること.
3. 過電流遮断器として低圧電路に施設する配線用遮断器は, 次に適合するものであること.
   a. 定格電流の (エ) 倍の電流で自動的に動作しないこと.
   b. 定格電流の区分に応じ, 定格電流の (オ) 倍の電流を通じた場合において, 60分以内に自動的に動作すること.

【問題3】 次の文章は「電気設備技術基準の解釈」に基づき，接地工事の目的を述べたものである．誤っているのは次のうちどれか（答えは一つとは限らない）．
(1) 特別高圧計器用変成器，および高圧計器用変成器の二次側電路には，A種接地工事を施す．
(2) 高圧で使用する機械器具の金属製外箱には，A種接地工事を施す．
(3) 300〔V〕以下で使用する機械器具の金属製外箱には，C種接地工事を施す．
(4) 高圧電路または特別高圧電路と低圧電路との混触時の低圧電路の電位上昇の危険を防止するため，B種接地工事を施す．
(5) 高圧電路または特別高圧電路に施設する避雷器には，A種接地工事を施す．

【問題4】 次の文章は，「電気設備技術基準の解釈」に基づく太陽電池発電所に関する記述である．(ア)～(オ)に適切な語句を埋めよ．
　太陽電池発電所の太陽電池モジュール，電線および開閉器その他の器具は，次のように施設すること．
1. ［(ア)］が露出しないように施設すること．
2. 太陽電池モジュールに接続する負荷側の電路（複数の太陽電池モジュールを施設する場合にあっては，その集合体に接続する負荷側の電路）には，その接続点に近接して［(イ)］その他これに類する器具（負荷電流を開閉できるものに限る）を施設すること．
3. 太陽電池モジュールを並列に接続する電路には，その電路に短絡を生じた場合に電路を保護する［(ウ)］その他の器具を施設すること．
4. 電線は，合成樹脂管工事，［(エ)］，金属可とう電線管工事またはケーブル工事により施設すること
5. 太陽電池モジュールおよび開閉器その他の器具に電線を接続する場合は，ねじ止めその他の方法により，堅ろうに，かつ，電気的に完全に接続するとともに，接続点に［(オ)］が加わらないようにすること．

【問題5】 次の文章は，「電気設備技術基準」および「電気設備技術基準の

解釈」に基づく地中電線路の施設についての記述である．(ア)～(オ)に適切な語句または数値を埋めよ．
1. 地中電線路は，車両その他の重量物による ア に耐え，かつ，当該地中電線路を埋設している旨の表示等により イ からの影響を受けないように施設しなければならない．
2. 地中電線路を直接埋設式により施設する場合，地中電線の埋設深さは車両その他の重量物の圧力を受けるおそれがある場所においては ウ 〔m〕以上，その他の場所においては エ 〔m〕以上であること．ただし，使用するケーブルの種類，施設条件等を考慮し，これに加わる圧力に耐えるよう施設する場合はこの限りでない．
3. 低圧地中電線と高圧地中電線，低圧もしくは高圧の地中電線と特別高圧地中電線とが接近または交差するために，隔壁により防火措置を講ずる場合は，隔壁を オ のものにしなければならない．

【問題6】 次の文章は「電気設備技術基準の解釈」に基づく低圧屋内配線を金属管工事で施設する場合の記述である．正しいものは次のうちどれか．
(1) 電線に，屋外用ビニル絶縁電線を使用した．
(2) 金属管内で電線を接続する場合に，圧着スリーブを使用し，接続部分には十分テーピングした．
(3) コンクリートに埋め込む部分の金属管の厚さを1.2〔mm〕とした．
(4) 使用電圧が400〔V〕で，人が容易に触れるおそれがある箇所に施設する場合に，感電防止のため金属管にD種接地工事を施した．
(5) 金属管を接続するボックスとして，堅ろうなものを現場の形状に合わせて鋼板で製作して使用した．

【問題7】 次のa～cは，低圧屋内幹線に電気使用機械器具を接続する場合の工事例である．それぞれの場合について，「電気設備技術基準の解釈」に適合するためには，幹線の許容電流は何〔A〕以上必要か，また過電流遮断器の定格電流は何〔A〕以下とすべきか．各値を求め，表の(ア)～(カ)を埋めよ．
なお，電動機またはこれに類する起動電流が大きい電気機械器具を「電動機等」という．

a. 電動機等の定格電流の合計が 40〔A〕，他の電気使用機械器具の定格電流の合計が 35〔A〕のとき．
b. 電動機等の定格電流の合計が 20〔A〕，他の電気使用機械器具の定格電流の合計が 50〔A〕のとき．
c. 電動機等の定格電流の合計が 20〔A〕，他の電気使用機械器具の定格電流の合計が 50〔A〕のとき．

(単位：〔A〕)

	幹線の許容電流	遮断器の定格電流
a．電動機：40，ほか：35	(ア)	(イ)
b．電動機：20，ほか：50	(ウ)	(エ)
c．電動機：60，ほか：0	(オ)	(カ)

第4章
電気法令の計算

第4章 Lesson 1　電路の絶縁抵抗と絶縁耐力

STEP 0　事前に知っておくべき事項

"電気法令の知識をもとに技術的な計算をする能力"は，電気技術者に求められる必須のスキルです．なかでも電技や電技解釈には，適合させるべき設備性能を計算式により示している規定がありますので，本章ではこれらについて解説します．

Step 1 で，電技第 22 条で規定している"低圧電路の絶縁性能"について解説し，Step 2 で，"絶縁耐力試験"を解説します．これとは別に，"電気の使用場所の絶縁性能（絶縁抵抗値）"について，電技第 58 条で定めており，第 2 章　Lesson 3　Step 1 ⑶で解説しました．

いずれも"絶縁"についての規定ですが，"低圧電路の絶縁性能"は「最大漏えい電流をもとに絶縁抵抗を求める」，"絶縁耐力試験"は「絶縁耐力電圧を求める」，"電気の使用場所の絶縁性能"は抵抗値が示されているという特徴がありますので，理解しておいてください．

覚えるべき重要ポイント

- 低圧電線路の絶縁抵抗 R_g は，漏えい電流 I_g が最大供給電流 I_m の 2 000 分の 1 を超えないようにしなければならない．

$$R_g \geq \frac{V}{I_g} \ (\Omega), \quad I_g = \frac{I_m}{2\,000} \ (A)$$

（V〔V〕：使用電圧（定格電圧））

- 7 000〔V〕以下の電路の絶縁耐圧試験電圧（交流）は，$1.5 V_m$〔V〕

（V_m〔V〕：最大使用電圧）

STEP 1

⑴　低圧電路の絶縁性能（電気設備技術基準第 22 条）

低圧電線路中の絶縁部分の電線と大地との間および電線の線心相互間の絶縁抵抗は，使用電圧に対する漏えい電流が最大供給電流の 2 000 分の 1 を超

えないようにしなければならないと規定されています．電線1条当たりの漏えい電流の最大値をI_g，最大供給電流I_mとすると，次式で表すことができます．

$$I_g = \frac{I_m}{2\,000} \,\text{〔A〕} \qquad ①$$

(2) 最大供給電流

①式で用いる最大供給電流I_mは，以下のように求めます．

(a) 三相変圧器

$$I_m = \frac{P}{\sqrt{3}\,V} \,\text{〔A〕} \qquad ②$$

V：線間電圧〔V〕
　　（単相3線式では中性線と外線間の電圧）
P：変圧器容量〔V・A〕

(b) 単相変圧器（2線式）

$$I_m = \frac{P}{V} \,\text{〔A〕} \qquad ③$$

(c) 単相変圧器（3線式）

$$I_m = \frac{P}{2V} \,\text{〔A〕} \qquad ④$$

(3) 絶縁抵抗値の求め方

絶縁性能を求める出題では，変圧器容量から最大供給電流，漏えい電流を求め，絶縁抵抗値を計算します．

低圧電線路の絶縁抵抗は，漏えい電流がI_gを超えない値でなければなりません．したがって，絶縁抵抗の最低値R_gは，線間電圧VをI_gで除したものになります．

$$R_g \geqq \frac{V}{I_g} \,\text{〔Ω〕} \qquad ⑤$$

> **練習問題**
> 　定格容量 50〔kV・A〕の三相変圧器があり，これより線間電圧 210〔V〕の三相 3 線式架空電線路が引き出されている．電気設備技術基準に合致する電線 1 条当たりの漏えい電流の上限値は何〔mA〕か．

【解答】　68.8〔mA〕

【ヒント】　$I_m = \dfrac{50\,000}{\sqrt{3} \times 210} = 137.5$〔A〕

$I_g = \dfrac{137.5}{2\,000} = 68.75 \times 10^{-3}$〔A〕

STEP 2
絶縁耐力試験

　電路の絶縁性能は，事故時に想定される異常電圧においても絶縁破壊によるおそれがないものでなければならないと電技第 5 条で規定されており，これに基づき電技解釈（第 15 条，第 16 条）で絶縁性能を試験するための試験電圧の値と印加方法を定めています．

　そのうち，電験 3 種に出題される頻度が高い設備について，第 4.1 表にまとめました．

Lesson 1 電路の絶縁抵抗と絶縁耐力

第 4.1 表　絶縁耐力試験の電圧

設備の種類	最大使用電圧（V_m）	試験電圧（交流）	試験電圧（直流）
電路, 変圧器	7 000〔V〕以下	$1.5V_m$〔V〕(*1)	（電力ケーブルを直流で試験する場合）交流試験電圧の2倍
	7 000〔V〕超～15 000〔V〕以下の中性点接地電路	$0.92V_m$〔V〕	
	7 000〔V〕超～15 000〔V〕以下の電路	$1.25V_m$〔V〕(*2)	
発電機	7 000〔V〕以下	$1.5V_m$〔V〕(*1)	交流試験電圧の1.6倍
	7 000〔V〕超	$1.25V_m$〔V〕(*2)	

V_m〔V〕：最大使用電圧
試験電圧の印加時間は，いずれの場合も連続10分間
(注) (*1) 変圧器，発電機で500〔V〕未満となるときは，500〔V〕
　　 (*2) 10 500〔V〕未満となるときは，10 500〔V〕

〈V_m（最大使用電圧）と V（公称電圧・使用電圧）の関係〉
(3 章　Lesson 1　Step 1 (1) 参照)
・使用電圧が1 000〔V〕以下：$V_m = 1.15V$
・使用電圧が1 000〔V〕超～500 000〔V〕以下：$V_m = \dfrac{1.15}{1.1}V$

練習問題

公称電圧6 600〔V〕の変圧器に接続されるケーブルを用いた電線路の絶縁耐力試験を「電気設備技術基準の解釈」に従って実施する試験電圧はいくらか．
(a) 交流で試験する場合
(b) 直流で試験する場合

【解答】　(a)　10 350〔V〕，(b)　20 700〔V〕

【ヒント】　$V_m = \dfrac{1.15}{1.1} \times 6\,600 = 6\,900$〔V〕

(a) 最大使用電圧が7 000〔V〕以下であるので，絶縁耐力試験の交流試験電圧 V_{AC} は V_m の1.5倍．
(b) 直流で行う場合の試験電圧 V_{DC} は V_{AC} の2倍．

第4章 Lesson 2 接地工事に関する計算問題

STEP 0 事前に知っておくべき事項

　第3章 Lesson 1　Step 2で接地工事について解説しましたが，B種接地工事の接地抵抗値を算出するためには，1線地絡電流を求める必要があります．これに関する計算問題が電験で出題されるので，この節で解説します．B種接地工事のおもな目的は，変圧器で混触が発生した場合の低圧電路の保護ですが，詳しくは第3章で確認してください．

覚えるべき重要ポイント

- 1線地絡電流は，次式から求める．

$$I_1 = 1 + \frac{\frac{V'}{3}L - 100}{150} + \frac{\frac{V'}{3}L' - 1}{2} \text{ (A)}$$

（V'〔kV〕：$\frac{公称電圧}{1.1}$，L〔km〕：電線長，L'〔km〕：ケーブル長）

- B種接地抵抗 R_B は，次式から求める．

$$R_B \leq \frac{A}{I_g} \text{ (Ω)}$$

（$A = 600$（1秒以内に遮断），$A = 300$（2秒以内に遮断），$A = 150$（その他），I_g：1線地絡電流 I_1 の小数点を切り上げた値）

- 地絡事故時の金属製外箱の電圧 E は，

$$E = E_0 \frac{R_D}{R_B + R_D} \text{ (V)}$$

（E_0〔V〕：線間電圧，R_B〔Ω〕：B種接地抵抗，R_D〔Ω〕：D種接地抵抗値）

STEP 1

(1) B種接地工事の接地抵抗値（電技解釈第17条）

1線地絡電流を I_g〔A〕とすると，B種接地抵抗 R_B〔Ω〕は，

$$R_B \leqq \frac{150}{I_g} \text{〔Ω〕} \quad \text{（混触時の遮断条件なし）} \qquad ⑥$$

$$R_B \leqq \frac{300}{I_g} \text{〔Ω〕} \quad \text{（混触時に高圧電路を2秒以内に遮断）} \qquad ⑦$$

$$R_B \leqq \frac{600}{I_g} \text{〔Ω〕} \quad \text{（混触時に高圧電路を1秒以内に遮断）} \qquad ⑧$$

（第3章 Lesson 1　Step2　第3.5表参照）

(2) 中性点非接地回路の1線地絡電流の計算（電技解釈第17条）

電技解釈では，中性点非接地回路においてB種接地抵抗値を算出する際に使用する1線地絡電流 I_1 を，以下の式から求めると規定しています．

なお，⑥，⑦，⑧式の I_g は，I_1 の小数点以下を切り上げたもので，2未満のときは2とします．

V'〔kV〕：$\dfrac{\text{高圧電路の公称電圧}}{1.1}$

L〔km〕：同一母線に接続される高圧電線の電線延長

L'〔km〕：同一母線に接続される高圧ケーブルの線路延長

(a) 電線にケーブル以外のものを使用する電路

$$I_1 = 1 + \frac{\frac{V'}{3}L - 100}{150} \text{〔A〕} \qquad ⑨$$

(b) 電線にケーブルを使用する電路

$$I_1 = 1 + \frac{\frac{V'}{3}L' - 1}{2} \text{〔A〕} \qquad ⑩$$

(c) 電線にケーブル以外のものとケーブルを使用する電路

$$I_1 = 1 + \frac{\frac{V'}{3}L - 100}{150} + \frac{\frac{V'}{3}L' - 1}{2} \text{〔A〕} \qquad ⑪$$

(注) 上式において，電線・ケーブルの長さとして，ケーブル以外（裸電線，絶縁電線など）では電線延長を用い，ケーブルでは線路延長（ケーブル長）を用います．したがって，電線の距離がこう長と条数で与えられる場合は，(電線延長) ＝ （こう長）×（条数）で算出します．

(3) 中性点接地式電路の1線地絡電流

中性点接地式電路では，1線地絡電流 I_2 を⑫式にて求めます．

I_1〔A〕：⑨～⑪式で求めた地絡電流
V〔kV〕：高圧電路の公称電圧
R〔Ω〕：中性点に使用する抵抗と接地抵抗の和

$$I_2 = \sqrt{I_1^2 + \frac{V^2}{3R^2} \times 10^6}\,〔A〕 \qquad ⑫$$

⑫式の I_1 には，⑨～⑪式で求めた小数点を含んだ数値を代入してください．（⑥～⑧式では，I_1 の小数点以下を切り上げて I_g とする点が相違していることに注意してください．）

練習問題

電気設備技術基準の解釈に従いB種接地工事を施すとき，次の場合の接地抵抗値は何〔Ω〕以下とすべきか．

(a) 公称電圧6 600〔V〕，線路こう長70〔km〕の三相3線式高圧架空配電線路に接続される柱上変圧器の低圧側の中性点または1端子にB種接地工事を施す場合．
　　ただし，高低圧混触の際に高圧電路を遮断する装置を設けない．

(b) 公称電圧6.6〔kV〕，ケーブル線路延長2〔km〕の高圧電線路がある．この配電線路に接続される変圧器にB種接地工事を施す場合．
　　ただし，高低圧混触の際に1秒以内に自動的に高圧電路を遮断する装置を設ける．

【解答】 (a) 37.5〔Ω〕以下，(b) 200〔Ω〕以下
【ヒント】 (a) 1線地絡電流 I_1〔A〕は，

$$I_1 = 1 + \frac{\frac{6}{3} \times 210 - 100}{150} = 3.13 ≒ 4\,〔A〕（小数点以下切り上げ）$$

B種接地抵抗値 R_B は，

$$R_B = \frac{150}{I_g} = \frac{150}{4}$$

(b) $I_1 = 1 + \dfrac{\dfrac{6}{3} \times 2 - 1}{2} = 2.5 \fallingdotseq 3 \,[\text{A}]$ （小数点以下切り上げ）

$$R_B = \frac{600}{I_g} = \frac{600}{3}$$

STEP 2
地絡事故時の金属製外箱の電圧

電気機器の金属製外箱に地絡（漏電）が発生すると，機器接地（D種接地）を通し地絡電流が流れます．通常，低圧回路においては配電用変圧器二次側にB種接地が施されていますから，第4.1図のように低圧電路，金属製外箱，大地の間で回路ができます．この状態で人が外箱に触れるときにかかる電圧を接触電圧といい，機器接地抵抗が分担する電圧に等しくなります．

もし，機器接地を施さない場合，線間電圧がそのまま人体にかかるので，感電の危険度が高くなります．

金属製外箱の電圧 E は，⑬式で求められます．

$$E = E_0 \frac{R_D}{R_B + R_D} \,[\text{V}] \qquad ⑬$$

($E_0\,[\text{V}]$：線間電圧，$R_B\,[\Omega]$：B種接地抵抗値，$R_D\,[\Omega]$：D種接地抵抗値）

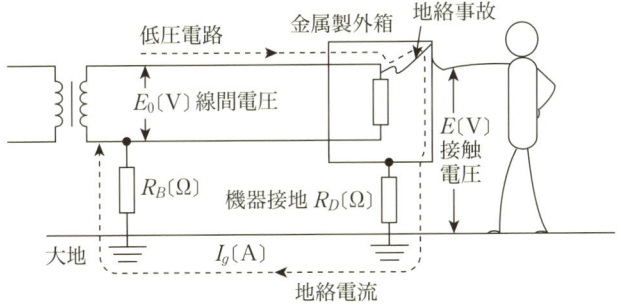

第4.1図　接地抵抗と接触電圧

練習問題

変圧器によって高圧電路に接続されている使用電圧100〔V〕の低圧電路がある．この変圧器のB種接地抵抗値およびその低圧電路に施設された電動機の金属製外箱のD種接地抵抗値に関して，次の(a)(b)に答えよ．

ただし，次の条件によるものとする．

(ア) 高圧側の電路と低圧側の電路の混触時に低圧電路の対地電圧が150〔V〕を超えた場合に，1秒以内に自動的に高圧電路を遮断する装置が設けられている．

(イ) 変圧器の高圧側電路の1線地絡電流は8〔A〕とする．

(a) 変圧器の低圧側に施されたB種接地抵抗値について，「電気設備技術基準の解釈」で許容される最高限度値〔Ω〕の値を求めよ．

(b) 電動機に完全地絡事故が発生した場合，電動機の金属製外箱の対地電圧は何〔V〕になるか．なお，抵抗値が32〔Ω〕になるように金属製外箱にD種接地工事を施してある．

【解答】 (a) 75〔Ω〕, (b) 29.9〔V〕

【ヒント】 (a) $R_B = \dfrac{600}{I_g}$

(b) 線間電圧を E_0〔V〕, D種接地抵抗値を R_D〔Ω〕とすると，金属製外箱の対地電圧 E は，

$$E = E_0 \dfrac{R_D}{R_B + R_D}$$

第4章 Lesson 3 風圧荷重と電線のたるみに関する計算問題

STEP 0 事前に知っておくべき事項

　架空電線路やその支持物は，風速 40〔m/s〕の風圧荷重に耐えるようにすることが電技第 32 条で定められており，それをもとに架空電線路の強度検討をするための荷重を電技解釈第 58 条で定めています．このうち，電線の風圧荷重について，本節において解説します．
　"電線のたるみ"については，「電力」でも出題されますが，「法規」では安全率を考慮して，許容引張荷重を用いて求めることが特徴です．

覚えるべき重要ポイント

- 電線の甲種風圧荷重は，980〔Pa〕の風圧が加わるとして計算する．
- 電線の乙種風圧荷重は，厚さ 6〔mm〕，比重 0.9 の氷雪が付着した状態に対し，490〔Pa〕の風圧が加わるとして計算する．
- 高温季には，甲種風圧荷重を適用する．
- 低温季の氷雪の多い地域には，甲種風圧荷重または乙種風圧荷重のいずれか大きいものを適用する．
- 架空電線の引張強さに対する安全率は，硬銅線・耐熱銅合金線で 2.2，その他の電線で 2.5 とする．

STEP 1

(1) 風圧荷重の種別（電技解釈第 58 条）

架空電線路の強度検討に用いる風圧荷重には次の 4 種類があります．

(a) 甲種風圧荷重　構造物に応じた風による圧力（電線の風圧：980〔Pa〕）が加わるとして計算した荷重．または風速 40〔m/s〕以上を想定した風洞実験に基づく値より計算した荷重

(b) 乙種風圧荷重　架渉線の周囲に厚さ 6〔mm〕，比重 0.9 の氷雪が付着した状態に対し，甲種風圧荷重の 0.5 倍（電線の風圧：490〔Pa〕）を基礎として計算した荷重

(c) 丙種風圧荷重　甲種風圧荷重の0.5倍（電線の風圧：490〔Pa〕）を基礎として計算した荷重
(d) 着雪時風圧荷重　架渉線の周囲に比重0.6の雪が同心円状に付着した状態に対し，甲種風圧荷重の0.3倍を基礎として計算した荷重
(注) (a)〜(c)の架渉線（電線）の風圧荷重は，多導体以外の電線での値です．多導体では，基礎とする値を880〔Pa〕とします．

(2) 風圧荷重の適用区分

風圧荷重の種別は，季節，地方に応じ，第4.2表のように適用することが定められています．

第4.2表　風圧荷重の適用区分

季節	地方		適用する風圧荷重
高温季	すべての地方		甲種風圧荷重
低温季	氷雪の多い地方	海岸地その他の低温季に最大風圧を生じる地方	甲種風圧荷重または乙種風圧荷重のいずれか大きいもの
		上記以外の地方	乙種風圧荷重
	氷雪の多い地方以外の地方		丙種風圧荷重

(3) 圧力〔Pa〕と風圧荷重〔N〕の求め方

面積1〔m²〕に1〔N〕の力が作用する場合の圧力が1〔Pa〕ですから，風圧荷重 F〔N〕は，風圧 P〔Pa〕と垂直投影面積 S〔m²〕の積で求めることができ，次式で表すことができます．

$$F = P \times S \text{〔N〕} \tag{⑭}$$

練習問題

人家が多く連なっている場所以外の場所であって，氷雪の多い地方のうち，海岸地その他の低温季に最大風圧を生じる地方以外の地方に設置されている，55〔mm²〕（素線径3.2〔mm〕，7本より線）の硬銅より線を使用した特別高圧架空電線路がある．この電線路の電線の風圧荷重について「電気設備技術基準の解釈」に基づき，次の(a)の(ア)(イ)に適当な語句を埋めよ．また(b)の値を求めよ．

(a) 電線の風圧荷重の種類として，高温季には　(ア)　が，低温季には　(イ)　が適用される．

116

(b) 高温季,低温季,それぞれの時期における電線1条,長さ1〔m〕当たりに加わる水平風圧荷重〔N〕を求めよ.ただし,電線に対する甲種風圧荷重は980〔Pa〕,乙種風圧荷重では厚さ6〔mm〕の氷雪が付着するものとする.

【解答】 (a) (ア) 甲種風圧荷重, (イ) 乙種風圧荷重
(b) 高温季の風圧荷重 9.41〔N〕,低温季の風圧荷重 10.6〔N〕

【ヒント】

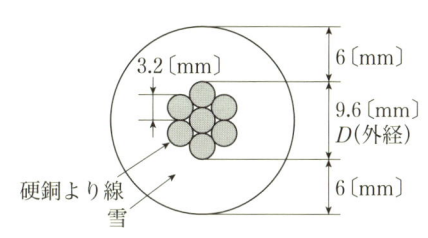

電線の垂直投影面積

甲種風圧荷重の電線1条1〔m〕当たりの垂直投影面積 S_K は,
　$S_K = 9.6 \times 10^{-3} \times 1 = 9.6 \times 10^{-3}$〔m²〕

1〔m〕当たりの甲種風圧荷重 F_K は,
　$F_K = 980 \times S_K = 980 \times 9.6 \times 10^{-3}$

乙種風圧荷重の垂直投影面積(電線1条1〔m〕当たり)S_O は,
　$S_O = (9.6 + 6 \times 2) \times 10^{-3} \times 1 = 21.6 \times 10^{-3}$〔m²〕

1〔m〕当たりの乙種風圧荷重 F_O は,
　$F_O = 490 \times S_O = 490 \times 21.6 \times 10^{-3}$

STEP 2

(1) 電線の引張強さに対する安全率(電技解釈第66条)

架空電線の引張強さに対する安全率が硬銅線・耐熱銅合金線で 2.2,その他の電線で 2.5 となるように,弛度(たるみ)を持たせることを,電技解釈で定めています.

(2) 安全率を考慮した電線の引張強さに対する安全率

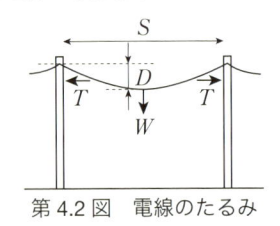

第4.2図 電線のたるみ

第4.2図のような架空電線において，電線のたるみ D〔m〕，径間 S〔m〕，水平張力 T〔N〕，電線荷重（自重＋風圧荷重）W〔N/m〕は，⑮式の関係にあります．

$$D = \frac{WS^2}{8T} \quad \text{⑮}$$

$$T = \frac{T_0}{(安全率)} \quad \text{⑯}$$

また，電線の強度（引張強さ）T_0〔N〕，水平張力 T〔N〕，安全率は⑯式の関係にあります．電線のたるみは「電力」でも出題されますが，このように安全率を考慮した計算を行うことが「法規」の試験問題の特徴です．

練習問題

高圧架空電線に硬銅線を使用して，高低差のない場所に架設する場合，電線の設計に伴う許容引張荷重と弛度（たるみ）に関して，次の(a)および(b)に答えよ．

ただし，径間 200〔m〕，電線の引張強さ 58.9〔kN〕，電線の重量と水平風圧の合成荷重が 20.67〔N/m〕とする．
(a) この電線の許容引張荷重〔kN〕を求めよ．
(b) 電線の弛度〔m〕はいくら以上にすべきか．

【解答】 (a) 26.8〔kN〕, (b) 3.86〔m〕

【ヒント】 $T = \dfrac{58.9}{2.2}$, $D = \dfrac{WS^2}{8T}$

第4章 Lesson 4 支線の強度に関する計算問題

覚えるべき重要ポイント

- 水平分力，引き留めのための支線の安全率は 1.5 以上
- $P = T\sin\theta$ （P：電線の水平引張荷重，T：支線の引張荷重）

STEP 1

(1) 支線の施設方法（電技解釈第61条，第62条）

架空電線路の支持物に施設する支線を，次のように施設することを電技では定めています．

(a) 支線の引張強さは，10.7〔kN〕以上であること．

(b) 支線の安全率は，2.5 以上であること（ただし，高圧，特別高圧の架空電線路の木柱，A種鉄筋コンクリート柱，A種鉄柱の，水平分力，引き留めのための支線の安全率は 1.5 以上）．

(注) 安全率の選定については練習問題で補足します．

(c) 支線により線を使用する場合は次によること．
- 素線を3条以上より合わせたものであること．
- 素線は，直径が2〔mm〕以上，かつ，引張強さが0.69〔kN/mm^2〕以上の金属線であること．

(d) 支線を木柱に施設する場合を除き，地中の部分および地表上30〔cm〕までの地際部分には耐食性のあるものまたは亜鉛めっきを施した鉄棒を使用し，これを容易に腐食し難い根かせに堅ろうに取り付けること．

(e) 支線の根かせは，支線の引張荷重に十分耐えるように施設すること．

(f) 道路を横断して施設する支線の高さは，路面上5〔m〕以上とすること．ただし，技術上やむを得ない場合で，かつ，交通に支障を及ぼすおそれがないときは4.5〔m〕以上，歩行の用にのみ供する部分においては2.5〔m〕以上とすることができる．

(2) 支線の張力計算

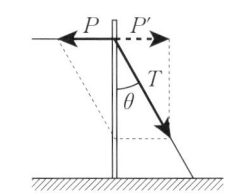

第4.3図　電線と支線の張力

第4.3図において，電線の水平引張荷重 P [kN]，支線の引張荷重 T [kN] の関係は，$P=P'$, $P'=T\sin\theta$ であるから，

$$T=\frac{P}{\sin\theta} \qquad ⑰$$

練習問題

図のような高圧架空電線路の引留め箇所がある．これに使用するA種鉄柱に直径4 [mm] の鉄線を素線とした支線を電気設備技術基準の解釈に従い施設する場合，支線の条数を何条以上としなければならないか．

ただし，電線の水平張力は9.8 [kN]，支線（より線）の素線1条の引張荷重は3.92 [kN] とし，鉄柱と支線のなす角度を30°とする．

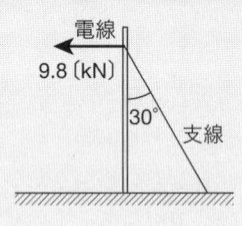

【解答】　8条以上
【ヒント】

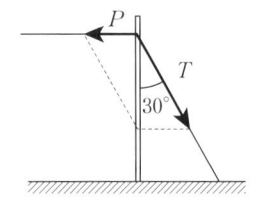

支線の張力（支線にかかる力）を T，電線の張力を P，支線の条数を n とすると，

$$T = \frac{P}{\sin 30°}$$

（支線の最大張力）≧（安全率）×（支線にかかる力）

（支線の最大張力）= $3.92 \times n \geq 1.5T$

【補足】 支線の安全率について…電験の出題では，安全率が示されることが多いですが，本問のように提示されないこともあります．出題形態としては，特別高圧・高圧電線の引き留め，または水平分力の引張荷重に関するものが多く，その場合の安全率は 1.5 であることを覚えておくとよいでしょう．

STEP 2

(1) 電線 2 本を引き留める場合

第 4.4 図のように，高さ H_1，H_2，張力 P_1，P_2 の電線 2 本を電柱で引き留めるため，支線を H の高さから張った場合の張力の水平成分を P とすると，モーメントのつりあいの関係より⑱式が成り立ちます．さらに，⑰，⑱式から，⑲式を求めることができます．

$$P_1 H_1 + P_2 H_2 = PH \qquad ⑱$$

$$T = \frac{P_1 H_1 + P_2 H_2}{H \sin \theta} \qquad ⑲$$

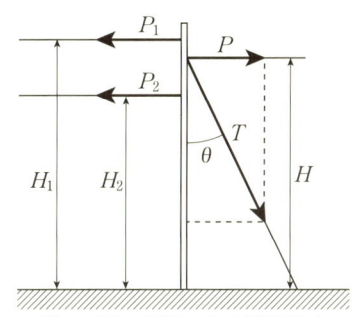

第 4.4 図　電線 2 本の引留張力

(2) 水平分力の引張荷重

電線路の水平角度（第4.5図 ψ）が5°を超える箇所に施設される柱には，想定最大張力により生じる水平横分力に耐える支線を設けるよう定めています（電技解釈第62条）．

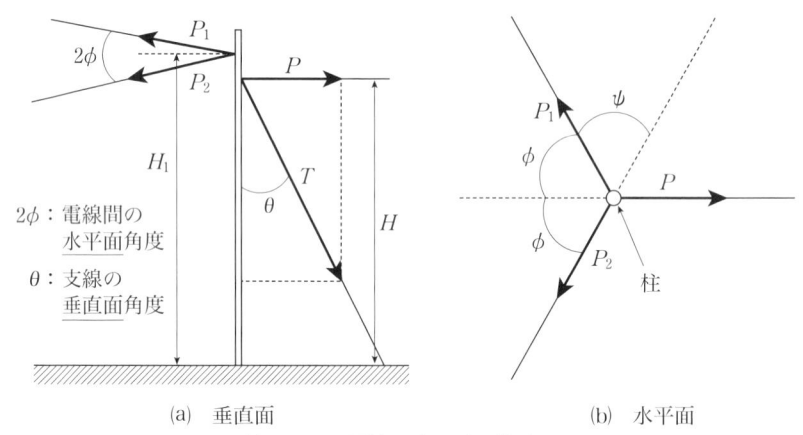

第4.5図　電線2本の引張荷重

第4.5図のように，電線路の水平角度が ψ となる箇所に施設された柱に対し，両側の電線に対する角度が均等になるように支線を設け，電線間の角度が 2ϕ，電線の高さが H_1，支線の接続箇所の高さが H である場合，両側の電線の張力 P_1，P_2 と，支線の張力の水平成分 P の間には⑳式の関係が成り立ちます．

$$P_1 \cos\phi \cdot H_1 + P_2 \cos\phi \cdot H_1 = PH$$
$$(P_1 + P_2) H_1 \cos\phi = PH \qquad ⑳$$

なお，$H = H_1$ となるよう支線を接続した場合は，

$$(P_1 + P_2) H_1 \cos\phi = PH_1, \quad (P_1 + P_2) \cos\phi = P \qquad ㉑$$

また，両側の電線の張力が均等である場合は，$P_1 = P_2$ であり，㉒式が成り立ちます．

$$2P_1 \cos\phi = P \qquad ㉒$$

Lesson 4 支線の強度に関する計算問題

練習問題

　高圧架空電線と低圧架空電線を併架するA種鉄筋コンクリート柱がある．この電線路の引留箇所において下記の条件で支線を設けるものとする．

(ア) 低高圧電線間の離隔距離を2〔m〕とし，高圧電線の取り付けの高さを10〔m〕，低圧電線と支線の取り付け高さをそれぞれ8〔m〕とする．

(イ) 支線には直径2.3〔mm〕の亜鉛めっき鋼線（引張強さ1.23〔kN/mm²〕）を素線として使用し，素線の減少係数を0.92とする．

(ウ) 低圧電線の水平張力は4〔kN〕，高圧電線のそれは9〔kN〕とし，これらの全荷重を支線で支えるものとする．

このとき，次の(a)および(b)に答えよ．

(a) 支線に生じる引張荷重〔kN〕を求めよ．

(b) 「電気設備技術基準の解釈」によれば，支線の素線の条数を最小いくらにしなければならないか．

【解答】 (a) 25.4〔kN〕, (b) 9

【ヒント】 (a) 支線の引張荷重

　高圧電線の高さ，張力を H_1〔m〕，P_1〔kN〕，低圧電線の高さ，張力を H_2〔m〕，P_2〔kN〕，支線の高さ，張力，張力の水平成分を H〔m〕，T〔kN〕，P〔kN〕，支線と電柱の角度を θ とすると，

$$P_1 H_1 + P_2 H_2 = PH \quad \text{(⑱式参照)}$$

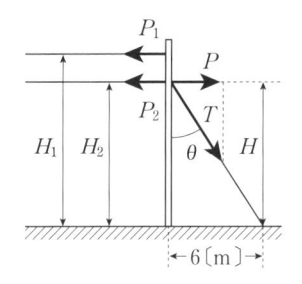

$$P = \frac{9 \times 10 + 4 \times 8}{8}$$

⑰式より,

$$T = \frac{P}{\sin \theta} = 15.25 \times \frac{\sqrt{6^2 + 8^2}}{6}$$

素線 1 条の強度 $Q = ($素線の面積$) \times 1.23$
$\qquad\qquad\qquad = \pi \times (2.3/2)^2 \times 1.23$

$N \times Q \times ($減少係数$) > T \times ($安全係数$)$

STEP 3 総合問題

【問題1】 定格容量 10〔kV・A〕，一次電圧 6.6〔kV〕，二次電圧 210〔V〕の単相変圧器があり，二次側の1端子にB種接地工事が施されている．この変圧器に接続されている低圧架空電線路の絶縁抵抗値は，「電気設備技術基準の解釈」によって計算すると，何〔Ω〕以上になるか．

【問題2】 「電気設備技術基準の解釈」に基づいて，公称電圧 6 600〔V〕の電路に接続する長さ 800〔m〕の高圧ケーブル（単心）を3心一括で交流により絶縁耐力試験する場合について，次の(a)および(b)に答えよ．

ただし，試験回路は図のとおりとし，周波数は 50〔Hz〕，ケーブル1心当たりの対地静電容量は 0.15〔μF/km〕，変圧器の変圧比は 1:100，試験用可変電圧電源の出力電圧は 0〜130〔V〕とする．

ここで，電流計 A_1〜A_4 は，次の電流値を示す．

A_1：電源装置の出力電流
A_2：ケーブルの充電電流
A_3：試験用変圧器の電流
A_4：補償リアクトル電流

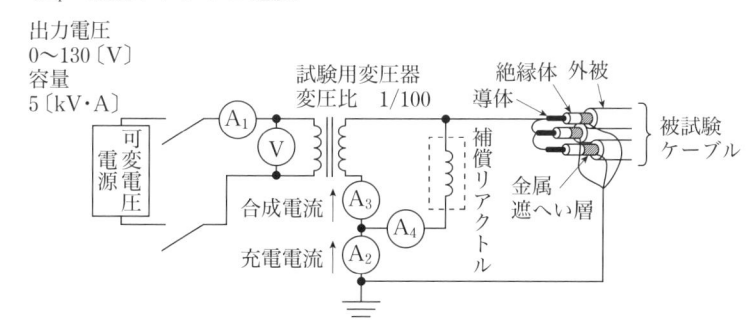

出力電圧 0〜130〔V〕
容量 5〔kV・A〕

試験用変圧器 変圧比 1/100

絶縁体 外被
導体
被試験ケーブル
金属遮へい層

可変電圧電源
合成電流
充電電流
補償リアクトル

(a) ケーブルに試験電圧を印加した場合の充電電流〔A〕の値を求めよ．
(b) 試験用可変電圧電源の電源容量が 5〔kV・A〕としたとき，補償リアクトルの最小電流容量〔mA〕を求めよ．

【問題3】 公称電圧 6 600〔V〕，線路延長 80〔km〕の中性点非接地式の高圧配電線がある．この高圧配電線のうち線路延長 15〔km〕は地中電線路で

あり，残りは3線式の架空電線路である．この高圧配電線に接続される変圧器の低圧側の中性点または1端子に施さなければならないB種接地工事の最高接地抵抗値は，電気設備技術基準の解釈では何〔Ω〕となるか．

ただし，高圧低圧混触時，2秒以内に高圧電路を遮断する装置を設けるものとする．

【問題4】　変圧器によって高圧電路に結合されている低圧電路に施設された使用電圧100〔V〕の金属製外箱を有する空調機がある．この変圧器のB種接地抵抗値およびその低圧電路に施設された空調機の金属製外箱のD種接地抵抗値に関して，次の(a)および(b)に答えよ．

(ア)　変圧器の高圧側の電路の1線地絡電流は5〔A〕で，B種接地工事の接地抵抗値は「電気設備技術基準の解釈」で許容されている最高限度の1/3に維持されている．

(イ)　変圧器の高圧側の電路と低圧側の電路との混触時に低圧電路の対地電圧が150〔V〕を超えた場合に，0.9秒で高圧電路を自動的に遮断する装置が設けられている．

(a)　変圧器の低圧側に施されたB種接地工事の接地抵抗値を求めよ．
(b)　空調機に地絡事故が発生した場合，空調機の金属製外箱に触れた人体に流れる電流を5〔mA〕以下にしたい．このための空調機の金属製外箱に施すD種接地工事の接地抵抗値〔Ω〕の上限値を求めよ．

ただし，人体の電気抵抗値は6 000〔Ω〕とする．

【問題5】　図のように，高圧架空電線路中で水平角度60°の電線路となる部分の支持物（A種鉄筋コンクリート柱）に下記の条件で電気設備技術基準の解釈に適合する支線を設けるものとする．

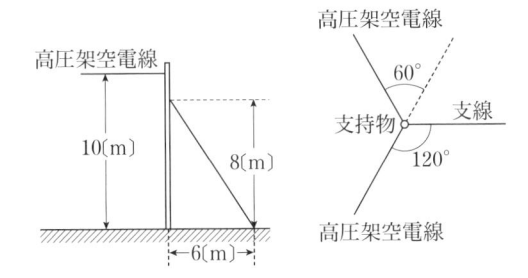

(ア) 高圧電線の取り付けの高さを 10〔m〕，支線の取り付け高さを 8〔m〕，この支持物の地表面の中心点と支線の地表面までの距離を 6〔m〕とする．

(イ) 高圧架空電線の想定最大水平張力を 10〔kN〕とし，高圧架空電線と支線の水平角度 120° とする．

(ウ) 支線には直径 2.6〔mm〕の亜鉛めっき鋼線（引張強さ 1.23〔kN/mm²〕）を素線として使用し，素線の減少係数を 0.92 とする．

このとき，次の(a)および(b)に答えよ．

(a) 支線に働く想定最大荷重〔kN〕を求めよ．

(b) 「電気設備技術基準の解釈」によれば，支線の素線の条数を最小いくらにしなければならないか．

第5章
電気施設管理

第5章 Lesson 1 高圧受電設備の保護装置・保護協調

STEP 0 事前に知っておくべき事項

　高圧受電設備の保護や保守に関することや，高調波が電気機械器具に与える障害に関することは，電験では「法規」の一部（「施設管理」）として出題されています．「施設管理」は，法令の条文が出題されるわけではないのですが，「法令をもとに，電気の保安・品質を確保するためにはどのように施設を管理すべきか」という知識が問われます．

　"電力"，"機械"の知識を応用した内容も多いので，ほかの科目を一通り修了してから学習した方が理解しやすい分野です．

　高圧受電設備とは，高圧6 600〔V〕を受電し，変圧器にて200〔V〕／100〔V〕に変換し，負荷機器や分電盤，制御盤等へ配電する機器等で構成される設備です．

覚えるべき重要ポイント

- 電気設備に故障や事故が発生した場合，その影響が正常な機器へ波及するのを最小限に抑えるためのものが保護装置です．
- 保護装置は遮断機，過電流継電器，地絡継電器，限流ヒューズなどにより構成されます．
- 保護装置を動作させる際，電流遮断する範囲を事故が発生した需要家内にとどめ，電力系統や他の需要家の設備を健全に保つように保護装置を調整することを保護協調といいます．

STEP 1

(1) 責任分界点

　電力会社より受電する際，電気保安の観点からその設備の保安責任の範囲を明確にするため，責任分界点を需要家と電力会社の間で取り決めます．受電点は需要家設備と電力会社設備との接続点をいい，財産上の分界点です．責任分界点と受電点は一致することが多いのですが，施設形態等により異な

る場合があります．

(2) 電力需給用計器用変成器（VCT）

VCT は，電力取引用計器用に電力を変成する機器で，通常は電力会社から支給されます．したがって，VCT に隣接した区分開閉器付近を責任分界点とします（第 5.1 図参照）．古い資料では MOF や PCT と記載されている場合がありますが，VCT と同等のものと考えてください．

```
                構  構   構内第一号柱        Wh
                外  内                     ┌──┐
─┤区分解開閉器├───○────┤区分開閉器├──┤VCT├──┤主遮断装置├─
                    │                     └──┘
                    └保安上の責任分界点
```

(a) 架空配電線路から絶縁電線を用いて引き込む場合

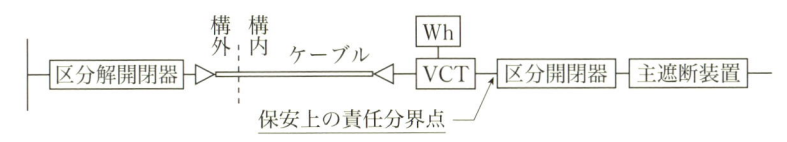

```
           構  構              Wh
           外  内  ケーブル    ┌──┐
─┤区分解開閉器├───▷──────◁──┤VCT├──┤区分開閉器├──┤主遮断装置├─
                               └──┘
               └保安上の責任分界点
```

(b) 架空配電線路から地中ケーブルを用いて引き込む場合

第 5.1 図　高圧受電設備の責任分界点

(3) 遮断装置の方式

キュービクル式高圧受電設備は，主遮断装置の方式により CB 形と PF・S 形に大別されます（第 5.2 図参照）．

CB 形は主遮断装置として遮断器（CB）を使用する構造のもので，負荷電流の開閉のみならず，過電流継電器（OCR）との組み合わせにより，短絡電流など事故電流の遮断を行っています．

一方，PF・S 形は高圧交流負荷開閉器（LBS）と限流ヒューズ（PF）を組み合わせて主遮断装置とします．高圧交流負荷開閉器は，負荷電流の開閉は可能ですが，大きな事故電流の遮断はできないので，短絡電流や過電流を限流ヒューズで遮断します．また，限流ヒューズでは小さな地絡事故電流を検出できないので，地絡継電器で地絡事故を検出して高圧交流負荷開閉器を開路する構造とします．PF・S 形は，おもに変圧器設備容量が小容量のキュービクルに使用されます．

⑤ 電気施設管理

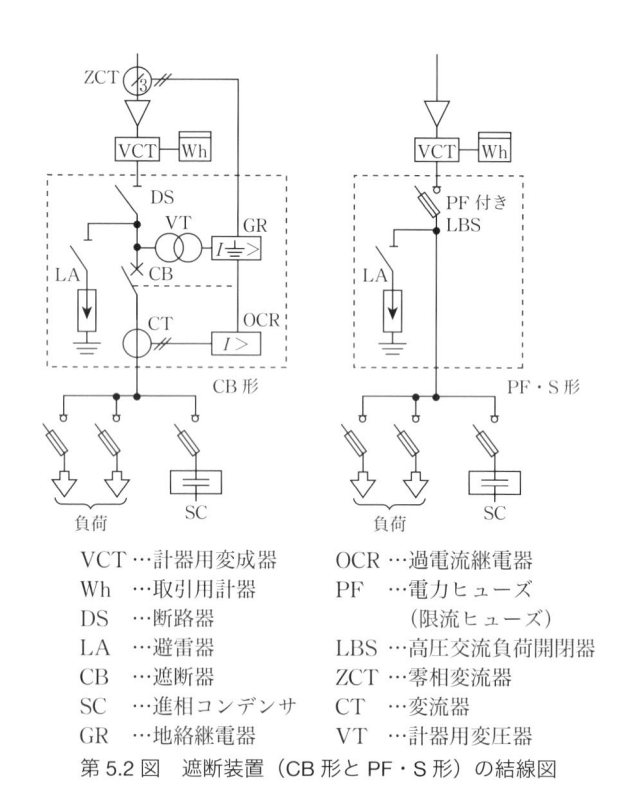

VCT …計器用変成器
Wh …取引用計器
DS …断路器
LA …避雷器
CB …遮断器
SC …進相コンデンサ
GR …地絡継電器
OCR …過電流継電器
PF …電力ヒューズ
　　　（限流ヒューズ）
LBS …高圧交流負荷開閉器
ZCT …零相変流器
CT …変流器
VT …計器用変圧器

第5.2図　遮断装置（CB形とPF・S形）の結線図

練習問題

高圧受電設備設置者と一般電気事業者との間の保安上の ［(ア)］ の負荷側電路には， ［(ア)］ に近い箇所に主遮断装置が設置されている．

キュービクル式高圧受電設備は，主遮断装置の種類によりCB形とPF・S形に大別される．CB形は主遮断装置として ［(イ)］ が使用されている．PF・S形は， ［(ウ)］ と ［(エ)］ を組み合わせて設備を簡略化しており，変圧器設備容量の小さなキュービクルに用いられている．

高圧母線等の高圧側の短絡事故に対する保護は，CB形では ［(イ)］ と ［(オ)］ で行うのに対し，PF・S形は ［(ウ)］ で行う仕組みとなっている．

上記記述中の空白箇所(ア)〜(オ)に当てはまる語句を埋めよ．

【解答】　(ア) 責任分界点，(イ) 遮断器，(ウ) 限流ヒューズ，
　　　　 (エ) 高圧交流負荷開閉器，(オ) 過電流継電器

STEP 2

(1) 遮断器に求められる性能

過電流遮断装置として使用する遮断器には，次の性能を有することが求められます．

① 常態における負荷電流を確実に開閉できること．
② 機械器具および電線に流れる過電流を遮断できること．
③ 保護区間の短絡事故，地絡事故により通過する短絡電流，地絡電流を遮断できること．

また，遮断器は事故電流遮断後には速やかに再閉路しなければならない箇所に設置されることが多いため，単に電流の遮断性能を有するだけでなく，所定の開閉パターンを繰り返すことができる性能（標準動作責務）を有するものでなければなりません．

(2) 地絡保護

負荷側の電気機器やケーブルの絶縁劣化や断線により地絡事故が起きた場合，感電事故，火災，機器故障となるおそれがあるので，地絡継電器により検出し遮断器を動作させ，地絡電流を遮断します．低圧回路では，地絡検出と電流遮断を一体の装置で行える漏電遮断器を使用します．これらを地絡保護といいます．

受電用遮断器から負荷側の高圧電路における対地静電容量が大きい場合，他の需要家に生じた地絡電流によって誤動作するおそれがありますから，地絡方向継電器により地絡電流と地絡方向を検出します．

(3) 保護協調

故障が発生した場合，故障点の直近上位の遮断器で切り離すことが原則です．そうすることで，残った健全部へは継続して電力を供給することができます．

主遮断装置の動作電流や動作時限の整定に当たっては，電気事業者の配電用変電所と協議し，需要家側の保護装置が先に動作するようにしておきます．すなわち，需要家側の動作電流や動作時限を小さく整定します．これを保護協調といいます．

電技第18条では，「高圧または特別高圧の電気設備は，その損壊により一般電気事業者の電気の供給に著しい支障を及ぼさないように施設しなければ

ならない」と波及事故防止について規定しており，そのためにも保護協調を図ることが必要です．

> **練習問題**
>
> 次の文章は，高圧受電設備の保護装置および保護協調に関する記述である．
>
> 1. 高圧の機械器具および電線を保護し，かつ，過電流による火災および波及事故を防止するため，必要な箇所には過電流保護装置を施設しなければならない．その装置で使用する遮断器は，(ア) を確実に遮断できる定格遮断電流であり，かつ，(イ) を満たす条件で遮断できるものでなければならない．
> 2. 高圧電路の地絡電流による感電，火災および波及事故を防止するため，必要な箇所には自動的に電路を遮断する地絡遮断装置を施設しなければならない．
>
>   地絡電流検出には地絡継電器を用いるが，受電用遮断器の負荷側の高圧電路における対地静電容量が大きい場合には，(ウ) を使用する必要がある．
> 3. 上記1および2のいずれの場合も，主遮断装置の動作電流，(エ) の整定に当たっては，電気事業者の配電用変電所の保護装置との協調を図る必要がある．
>
> 上記記述中の空白箇所(ア)～(エ)に当てはまる語句を埋めよ．

【解答】 (ア) 短絡電流, (イ) 標準動作責務, (ウ) 地絡方向継電器, (エ) 動作時限

第5章 Lesson 2　高圧受電設備の点検・保守

STEP 0　事前に知っておくべき事項

　電気主任技術者には電気設備の工事・維持・運用に関する保安の監督を誠実に行うことが義務付けられています（電気事業法第43条）．
　したがって，電気設備の点検保守の監督は，故障や事故を防止するため，電気主任技術者にとって必須の職務です．

覚えるべき重要ポイント

- 電気設備の点検は，日常点検，定期点検，精密点検，臨時点検に大別できます．
- 日常点検は設備を運転状態にしたままで行います．
- 定期点検，精密点検は設備を停止して行います．
- 受電設備の停電の順序としては，低圧側から開閉器を開放すること，検電して停電確認してから接地すること，接地して残留電荷を放電することが要点です．
- 計器用変流器（CT）の二次側端子は，絶対に運転中に開放してはいけません．

STEP 1

(1) 電気設備の点検の種別

　電気設備の点検は，日常点検，定期点検，精密点検，臨時点検に大別できます．

① 日常点検

　設備を運転状態にしたままで，汚損，変形，過熱による変色など設備の異常の有無を外部から目視により調べるものです．合わせて設備の運転データの収集，運転状態の把握を行うことが一般的です．

　毎日〜毎月を点検周期とします．

② 定期点検

主として電気設備を停止し，測定器，試験器等を使って，日常点検では不可能な点検，測定および試験を行います．1か月から1か年の周期で，機器の清掃，締付け点検，絶縁抵抗測定，保護装置の動作試験を行うのが一般的です．

③ 精密点検

定期点検よりも長い時間電気設備を停止し，各機器の特性試験，分解点検，ケーブルの漏れ電流測定，絶縁油の劣化測定などを行います．3～5年程度の長周期で行うのが一般的です．

④ 臨時点検

電気事故など異常が発生した場合，あるいは点検の結果から異常のおそれがあると判断された場合に行う点検です．臨時に行うものですから，周期は設けません．点検，試験によってその原因を探求し，再発を防止するために必要な措置を見つけ出します．

(2) 高圧受電設備の全停電作業を行う場合の順序

高圧受電設備の全停電作業を行う場合は，次の点に注意します．

・遮断器や開閉器の開放は低圧側（負荷側）から順に行います．
・開路した電路は検電器により停電を確認した後に接地します．
・断路器の電源側のケーブルヘッド（CH）に挟まれた箇所は，ケーブルで配線されているため，短絡接地して残留電荷を放電させます．

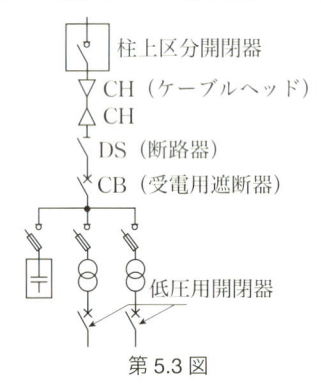

第5.3図

第5.3図に示す高圧受電設備の全停電作業を開始する場合，次の手順で操作します．

① 負荷機器が確実に停止していることを確認する
　（とくに，コンピュータ等は停電中の運転状態，データ保護について事前に確認しておき，必要な措置をしておく）
② 低圧配電盤の開閉器を開放する
③ 受電用遮断器を開放した後，その負荷側を検電して無電圧を確認する
④ 断路器を開放する
⑤ 柱上区分開閉器を開放する
⑥ 断路器の電源側を検電して，無電圧を確認する
⑦ 断路器の電源側を短絡接地して，受電用ケーブルとコンデンサの残留電荷を放電させる

練習問題

高圧受電設備規程は，高圧受電設備が施設上および保守上守るべき技術的な事項を定めた民間規定である．次の記述は，高圧受電設備規程から高圧受電設備の点検，保守について抜粋したものであるが，不適切なものはどれか．

(1) 日常（巡視）点検は，主として運転中の電気設備を目視等により点検し，異常の有無を確認するものである．

(2) 定期点検は，3か月程度の周期で，電気設備の運転を継続しながら，目視，測定器具等により点検，測定および試験を行うものである．

(3) 精密点検は，長期間（3年程度）の周期で電気設備を停止して，必要に応じて分解して行う点検である．目視，測定器具等により点検，測定および試験を実施し，電気設備が電気設備の技術基準等に適合しているか，異常の有無を確認する．

(4) 臨時点検は，電気事故その他の異常が発生したときや，異常が発生するおそれがあると判断したときに実施する点検である．点検，試験によってその原因を探求し，再発を防止するためにとるべき措置を講じる．

(5) 保守は，以下等の内容に応じた措置を講じるものである．
　① 各種点検において異常があった場合
　② 修理・改修の必要を認めた場合
　③ 汚損による清掃の必要性がある場合

【解答】 (2)
【ヒント】 「高圧受電設備規程」(JEAC8011) では，定期点検を，「比較的長期間（1ヶ月から1年程度）の周期で，主として電気設備を停止し，点検，測定および試験を行う」としている．

STEP 2

(1) 点検・保守の際の計器用変流器（CT）の扱い

CT の一次側に電流が流れている状態で，二次側を開放すると，二次巻線の打消磁束がなくなり，鉄心が過磁束状態となって異常電圧で絶縁破壊を起こすことがあるため，たいへん危険です．したがって，二次側計器を点検や交換のために取り外す場合は，先に CT 二次側端子部または試験用端子を短絡します．

(2) 点検・保守の際の計器用変圧器（VT）の扱い

VT の一次側を充電している状態で，試験端子等で二次側端子を短絡したり地絡したりすると，VT 二次保護の保護ヒューズが溶断します．その際，二次側の継電器や計器が不必要動作を起こし，受電用遮断器がトリップする等，障害が発生することがあります．また，場合によっては保護ヒューズが溶断する前に VT が焼損し，大事故を引き起こします．

そのため，二次側を短絡しないよう，また，二次側が短絡状態となる低インピーダンスの計器を接続しないように注意します．

> **練習問題**
>
> 電気設備の改修工事において，通電中における計器用変流器（CT）および計器用変圧器（VT）とこれらに接続する計器類に関する記述として，正しいものを次の(1)～(6)のうちから二つ選べ．
>
> なお，いずれも機器交換，測定によりトリップ回路が動作しないよう作業前にトリップ回路を切り，作業後にトリップ回路を戻すものとする．
>
> (1) 計器用変流器（CT）の二次側端子を短絡し，次に電流計をほかの電流計に取り換え，短絡した箇所を外した．
>
> (2) 計器用変流器（CT）の二次側端子を短絡しないようにしながら，電流計をほかの電流計に取り換えた．

(3) 計器用変流器（CT）の二次側端子間に高抵抗器を接続し，次に電流計をほかの電流計に取り換え，高抵抗器を外した．
(4) 計器用変圧器（VT）の二次側端子を短絡し，次に電圧計をほかの電圧計に取り換え，短絡した箇所を外した．
(5) 計器用変圧器（VT）の二次側に接続されている電圧計の端子間電圧を測定するため，低インピーダンスのテスタを使用した．
(6) 計器用変圧器（VT）の二次側に接続されている継電器を交換する際，VTの二次側端子を短絡，地絡しないよう注意しながら継電器を交換した．

【解答】(1), (6)

第5章 Lesson 3 高調波が電気機器に与える影響

STEP 0 事前に知っておくべき事項

　高調波は設備の損壊，火災など重大な事故を引き起こすものでありながら，配電盤等に常設されている計器で測定できるものではないため，電気設備の所有者・管理者が高調波の発生に気付いていないことがしばしばあります．

　近年，半導体を使用した機器の普及が進み，高調波発生機器が増加する傾向にあります．電気主任技術者は，設備内の高調波発生源を把握し，発生を抑制し，外部への流出を防ぐ対策をとる必要があります．

覚えるべき重要ポイント

- 基本波の整数倍の正弦波を高調波といい，正弦波と高調波が合成されたものをひずみ波といいます．
- インバータから出力される方形波交流などはひずみ波であり，高調波が含まれます．
- 電気機器に高調波電流が流れると，機器の過負荷や過熱が発生します．
- 高調波の抑制策として，電力用コンデンサの低圧側設置，直列リアクトルの設置，変圧器多相化，フィルタ設置，PWMインバータの活用があります．

STEP 1

(1) 高調波，ひずみ波

　基本波交流（商用周波数：50〔Hz〕または60〔Hz〕）の整数倍の正弦波を高調波といい，正弦波と高調波が合成されたものをひずみ波といいます．基本波と第3次高調波，第5次高調波を合成したひずみ波の例を，第5.4図に示します．

　周波数が2倍のものを第2次高調波，n倍のものを第n次高調波といい，

通常は第50次程度のものまでを高調波として扱います．

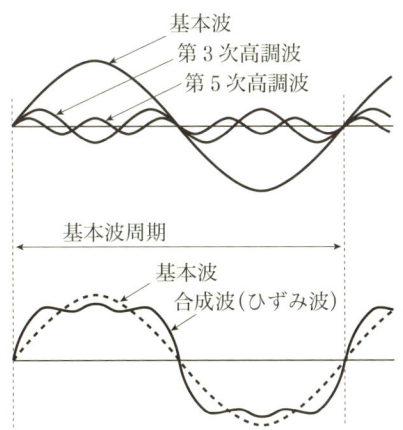

第5.4図　基本波・高調波・ひずみ波

(2) 高調波，ひずみ波の発生原因

- 正弦波の一部を利用したり，正弦波を矩形波（くけいは）に変えて利用すると，ひずみ波電流を生じる原因となります．インバータから出力される矩形波（方形波）交流はひずみ波であり，高調波が含まれます．
- 近年，電子機器や，サイリスタ，パワートランジスタ等の半導体回路を使用した電気機器が著しく普及し，高調波を発生する機器が増加しています．
- 半導体機器以外の発生源として，変圧器，アーク炉があります．

(3) 高調波による障害

高調波により電圧・電流波形がひずむと，以下の障害が発生します．

- 負荷電流の実効値が増大し，機器の過負荷や過熱が発生します．
- コンデンサやリアクトルでは，振動，うなりが生じ，最悪の場合，機器の破壊や焼損に至ります．
- 変圧器，誘導機，同期機で，効率の低下，騒音，振動が生じます．
- ラジオ，テレビ等では雑音を生じ，また電子部品の故障，寿命の低下，性能劣化などが生じます．
- 電力用ヒューズでは，溶断，エレメントの過熱などが発生します．
- 電力量計，計器類，過電流継電器，配電用遮断器等では電流コイルの焼損，誤差，誤動作が生じます．
- 高調波は，発生場所のみにとどまらず，電力系統や周辺の需要家へも流出

し，過熱による火災や設備損傷といった被害を与えることがあります．

> **練習問題**
> 　高調波が電気機械器具に与える具体的障害の例として，次のようなものがある．
> 1. コンデンサおよびリアクトルは，　(ア)　，うなりを発生し，さらに過熱，焼損などに至ることもある．
> 2. ラジオ，テレビ等に　(イ)　を生じ，また半導体など電子部品の故障，寿命の低下，性能劣化なども生じる．
> 3. 電力ヒューズは，エレメントの過熱，　(ウ)　などが発生する．
> 4. 電力量計，過電流継電器，配電用遮断器等の　(エ)　の焼損，あるいは計量誤差，誤動作などを生じる．
> 5. 変圧器，誘導機，同期機で，　(オ)　の低下，騒音，　(ア)　が生じる．
> 上記記述中の空白箇所(ア)～(オ)に適切な語句を記入せよ．

【解答】　(ア)　振動，(イ)　雑音，(ウ)　溶断，(エ)　電流コイル，(オ)　効率

STEP 2
高調波対策

高調波電流の抑制・低減のため，次のような対策をします．

(1) 電力用コンデンサを低圧側に設置する

電力用コンデンサ設備は，変圧器の高圧側に設置するのが低コストであるため一般的ですが，低圧側に設置すると，変圧器のインピーダンスが電力用コンデンサに直列に接続された状態になり，高調波電流が発生しにくくなります．

(2) 電力用コンデンサにリアクトルを設置する

電力用コンデンサと線路の誘導性リアクタンスとの間で共振状態となり，電源側へ高調波が流出します．これを防止するため，電力用コンデンサに直列リアクトルを接続し，共振状態とならないようにします．

(3) 変圧器を多相化する（パルス数を増加する）

全波整流回路を，Y－△結線とY－Y結線を組み合わせ，またはY－△結線と△－△結線を組み合わせ，変圧器を多相化することで，高調波電流

Lesson 3　高調波が電気機器に与える影響

を相殺することができます．

(4) PWMによりインバータ出力電圧を制御する

インバータの出力をPWM（パルス幅変調）方式で制御することにより，電圧波の平均値を正弦波に近づけることができ，高調波の発生を低減できます．

(5) フィルタを設置する

パッシブフィルタ（受動フィルタ）を高調波発生源に並列接続することで高調波を吸収できます．また，アクティブフィルタ（能動フィルタ）を高調波発生源に並列接続し，高調波電流とは逆位相の補償電流を注入することで，高調波電流を打ち消すことができます．

アクティブフィルタの方が複数次数に対応でき，高調波吸収効果が高いが，高価かつ損失の大きいことが欠点です．

練習問題

高圧配電系統への高調波電流流出量の抑制には，機器からの高調波電流発生を低減するとともに，外部への流出量を低減する方策がとられる．高調波電流の抑制・低減のための対策として，誤っているのは次のうちどれか．

(1) 電力用コンデンサを低圧側に設置する
(2) 電力用コンデンサに直列リアクトルを設置する
(3) 変圧器を多相化する（パルス数を増加する）
(4) PAMによりインバータ出力電圧を制御する
(5) フィルタを設置する

【解答】(4)

⑤ 電気施設管理

STEP-3 総合問題

【問題1】 図は電圧6 600〔V〕，周波数50〔Hz〕，中性点非接地方式の三相3線式配電線路および需要家Aの高圧地絡保護システムを簡易に表した単線図である．次の(a)および(b)に答えよ．

なお，配電線路側一相の全対地静電容量 C_1 は6.0〔μF〕，需要家A側一相の全対地静電容量 C_2 は0.03〔μF〕とする．なお，図示されていない線路定数および配電用変電所の制限抵抗は無視できる．

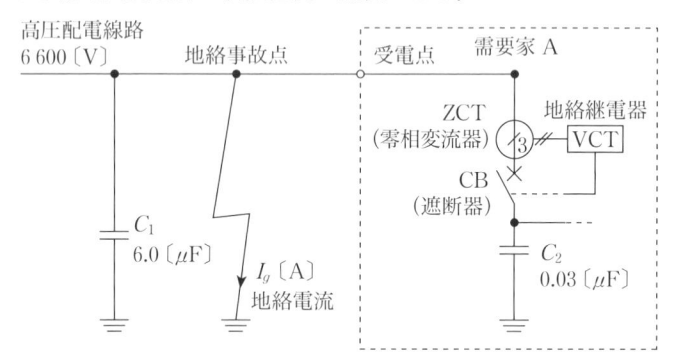

(a) 図の配電線路において，遮断器CBが「入」の状態で地絡事故点に一線完全地絡事故が発生した場合の地絡電流 I_g 〔A〕の値を求めよ．

(b) 次の記述は，図のような高圧配電線路に接続される需要家が，需要家構内の地絡保護のために設置する継電器の保護協調に関する記述である．(ア)〜(オ)に当てはまる語句を埋めよ．

なお，記述中の「不必要動作」とは，需要家の構外での事故において継電器が動作することをいう．

- 高圧電路の地絡電流による感電，火災および波及事故を防止するため，必要な箇所には ⎿ (ア) ⏌ に電路を遮断する地絡遮断装置を施設しなければならない．
- 需要家が設置する地絡継電器の動作電流および動作時限整定値は，配電用変電所の整定値より ⎿ (イ) ⏌ する必要がある．
- 受電用遮断器の負荷側の高圧電路における対地静電容量が大きい場合の保護継電器としては，⎿ (ウ) ⏌ を使用する必要がある．

144

【問題2】 図のような自家用電気施設の供給系統において，変電室変圧器二次側（210〔V〕）で三相短絡事故が発生した場合，次の(a), (b)に答えよ．

ただし，受電電圧 6 600〔V〕，三相短絡事故電流 $I_s = 14$〔kA〕とし，変流器 CT-3 の変流比は，75〔A〕/5〔A〕とする．

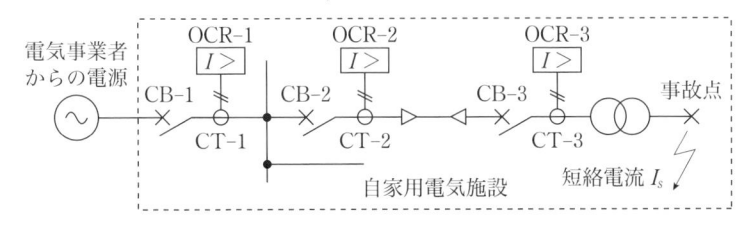

```
電気事業者          OCR-1       OCR-2       OCR-3
からの電源           [I>]        [I>]        [I>]
                CB-1        CB-2        CB-3        事故点
    (〜)─────×──┬──×──▷──◁──×─────⊗
                CT-1  │     CT-2        CT-3      短絡電流 I_s
                      │        自家用電気施設
```

(a) 事故時における変流器 CT-3 の二次電流を求めよ．

(b) この事故における保護協調において，施設内の過電流継電器の中で OCR-3 が最も速い動作を求められる．OCR-3 の動作時間を 0.7〔秒〕以下にしたい場合，ダイヤル（時限）整定値 D をいくつにすればよいか．

ただし，OCR-3 の動作時間 T は次の演算式で求めることができる．

$$T = \frac{80}{N^2-1} \times \frac{D}{20} \text{〔秒〕}$$

N：OCR-3 の電流整定値に対する入力電流の倍数

D：OCR-3 のダイヤル（時限）整定値（整数）

なお，OCR-3 の電流整定値 = 6〔A〕とする．

【問題3】 次の文章は，工場等における電気設備の運用管理に関する記述である．正しいものに○，誤っているものに×を記入せよ．

(1) 電気機器は適正な電圧で使用することにより，効率的な運用ができる．このため，工場内での電圧降下の状況を把握すべきである．

(2) 電動機と並列にリアクトルを設置し，力率改善をすることにより電力損失の低減を図る．

(3) 変圧器は適正な需要率を維持するように，機器の稼動台数の調整および負荷の適正配分を行う．

(4) 低圧側の第5次高調波は，零相（各相が同相）となるため，高圧側にあまり現れない．

(5) 高調波発生機器を設置していない工場であっても，直列リアクトルを付

けないコンデンサ設備が存在する場合，電圧ひずみを増大させることがある．

【問題 4】 三相 3 線式配電線路から 6 600〔V〕で受電している需要家がある．この需要家から配電系統へ流出する第 5 次高調波を算出する．次の(a), (b)に答えよ．

ただし，需要家の負荷設備は定格容量 1〔MV・A〕の三相機器のみで，力率改善用として 6〔%〕直列リアクトル付コンデンサ設備が設置されており，この三相機器（以下，"高調波発生機器"という）から発生する第 5 次高調波電流は，定格電流の 8〔%〕とする．

また，受電点より見た配電線路側の第 n 次高調波に対するインピーダンスは 10〔MV・A〕基準で $j6 \times n$〔%〕，コンデンサ設備のインピーダンスは 10〔MV・A〕基準で $j50 \times \left(6 \times n - \dfrac{100}{n}\right)$〔%〕で表され，高調波発生機器は定電流源とみなせるものとし，次のような等価回路で表すことができる．

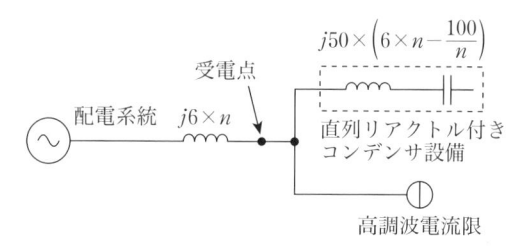

(a) 高調波発生機器から発生する第 5 次高調波電流の受電点電圧に換算した電流〔A〕を求めよ．
(b) 受電点から配電系統に流出する第 5 次高調波電流〔A〕を求めよ．

第6章
施設管理に関する計算

第6章 Lesson 1 需要率・負荷率・不等率

STEP 0 事前に知っておくべき事項

電気施設の運用についての計算問題が，"施設管理に関する計算"として出題されています．第5章と同様，"理論"，"電力"，"機械"を融合した応用問題のような内容ですから，全科目の仕上げのような気持ちで学習してください．

需要率，負荷率，不等率に関する計算問題は，過去の試験において頻繁に出題されており，出題確率が高い分野です．使用する計算式は，需要率，負荷率，不等率それぞれ一つずつですから，確実に覚えてください．

覚えるべき重要ポイント

電気設備の負荷特性と需要状況は，各需要家により異なるため，供給設備や受電設備の容量はこれらの特性を考慮して決めます．そのための係数として用いられるのが，需要率，負荷率，不等率です．

- 需要率 $= \dfrac{最大需要電力}{設備容量} \times 100$ 〔%〕

- 負荷率 $= \dfrac{平均電力}{最大需要電力} \times 100$ 〔%〕

- 不等率 $= \dfrac{最大需要電力の総和}{合成最大需用電力}$

- 需要率，負荷率，不等率の計算において，需用電力，設備容量の一部が皮相電力で提示される場合，有効電力〔kW〕に換算して計算します．

STEP 1

(1) 需要率

需要率は最大需用電力と設備容量の割合であり，設備の余裕を測ることが

できます．一般的に最大需用電力は設備容量より小さいので，100〔%〕以下となります．

$$需要率 = \frac{最大需要電力}{設備容量} \times 100 〔\%〕$$

(2) **負荷率**

負荷率はある期間中の負荷の平均需用電力と最大需用電力の割合であり，その期間において設備が効率的に稼動しているか測ることができます．当然のことながら最大需要電力は平均需要電力より大きいので，100〔%〕以下となります．

算定期間により，日負荷率，週負荷率，月負荷率，年負荷率などがあります．

$$負荷率 = \frac{平均電力}{最大需要電力} \times 100 〔\%〕$$

(3) **不等率**

不等率は，個々の負荷の最大需要電力の合計を合成負荷の最大需用電力で割った値であり，複数負荷の最大需要電力の重なり度合いを測ることができます．個々の負荷の最大需用電力の和は，合成負荷の最大需要電力より大きくなるので，1以上となります．

$$不等率 = \frac{各負荷の最大需要電力の総和}{合成最大需要電力}$$

練習問題

複数の需要家を総合した場合の負荷率を総合負荷率という．次の文の ㋐ , ㋑ には，"比例"または"反比例"のいずれかの文字が入る．どの文字が入るか答えよ．
- 総合負荷率は需要率に ㋐ する．
- 総合負荷率は不等率に ㋑ する．

【解答】 ㋐ 反比例，㋑ 比例

【ヒント】 $総合負荷率 = \dfrac{総合平均需要電力}{総合最大需要電力} \times 100 〔\%〕$

$$総合最大需要電力 = \frac{(各負荷の最大需要電力)の総和}{不等率}$$

$$最大需要電力 = 設備容量 \times \frac{需要率}{100}$$

$$総合負荷率 = \frac{総合平均需要電力 \times 不等率}{\left(各負荷の設備容量 \times \dfrac{各負荷の需要率}{100}\right)の総和} \times 100 〔\%〕$$

STEP 2

(1) 日負荷曲線と負荷率

負荷率については，日負荷曲線から最大需要電力を読み取り，また平均需要電力を求めたうえで，負荷率計算を求める出題もされます．

(2) 力率と需要率

需要率，負荷率，不等率の計算で用いる需要電力は，有効電力〔kW〕が使用されます．一方，設備容量は皮相電力〔kV・A〕で表現されることが一般的なので，その際は，皮相電力に力率を乗じて有効電力を求めてから計算する必要があります．

練習問題

A, Bの二つの工場を有する需要家があり，それぞれの工場の設備容量は，A工場：500〔kV・A〕，B工場：1 000〔kV・A〕であり，負荷の力率は，A工場：80〔%〕，B工場：70〔%〕で終日不変である．図のような日負荷曲線の電力負荷のとき，次の(a)，(b)，(c)に答えよ．

(a) 総合負荷の負荷率を求めよ．
(b) 総合負荷での不等率を求めよ．
(c) A工場，B工場それぞれの需要率を求めよ．

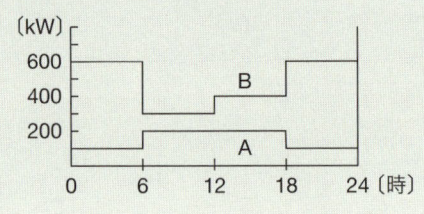

【解答】 (a) 89.3〔%〕, (b) 1.14, (c) A：50.0〔%〕, B：85.7〔%〕

【ヒント】 (a) 最大値 P_{max}, 合成負荷の平均値 P_{av} としたとき

$$負荷率 = \frac{P_{av}}{P_{max}} \times 100$$

(b) A工場, B工場それぞれの最大需要電力を P_{Amax}, P_{Bmax} としたとき

$$不等率 = \frac{P_{A\,max} + P_{B\,max}}{P_{max}}$$

(c) A工場, B工場それぞれの設備容量（有効電力）を P_{A0}, P_{B0} としたとき

$$A工場の需要率 = \frac{P_{A\,max}}{P_{A0}} \times 100$$

$$B工場の需要率 = \frac{P_{B\,max}}{P_{B0}} \times 100$$

第6章 Lesson 2　日負荷曲線と負荷持続曲線

覚えるべき重要ポイント

- 負荷曲線から負荷率（日負荷率，年負荷率など）や負荷電力量を求めることができます．
- 負荷持続曲線は，ある期間の負荷を時刻とは無関係に大きいものから小さいものへと順に配列した曲線です．

STEP 1

負荷持続曲線

　ある期間の負荷を時刻に無関係に大きいものから小さいものへと順に配列した曲線を，負荷持続曲線といいます．第 6.1 図(a)の日負荷曲線に対する日負荷持続曲線を描くと，第 6.1 図(b)のようになります．

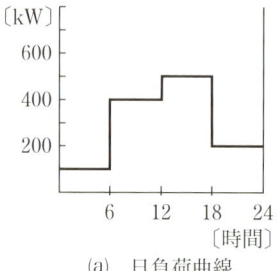

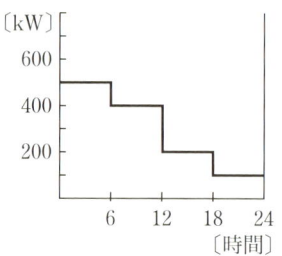

(a)　日負荷曲線　　　　(b)　日負荷持続曲線

第 6.1 図　日負荷曲線と日負荷持続曲線

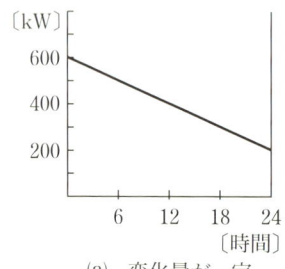

(a)　変化量が一定　　(b)　二つの変化量の組み合わせ

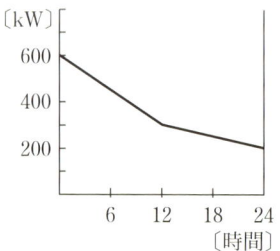

第 6.2 図　負荷持続曲線の形状

Lesson 2 日負荷曲線と負荷持続曲線

負荷持続曲線は，その名のとおり負荷電力の変化に応じて曲線を描きますが，電験の出題では変化量が一定の直線状の曲線（第 6.2 図(a)），または二つの変化量を組み合わせた"くの字状"の曲線(第 6.2 図(b))で出題されます．

練習問題

日負荷曲線が図のような直線で表される負荷がある．$a = 2\,000$，$b = 50$ のときの負荷の日負荷率を求めよ．

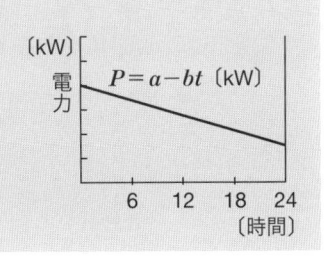

【解答】 70〔%〕

【ヒント】 日負荷率 $= \dfrac{平均電力}{最大電力} \times 100 = \dfrac{1\,400}{2\,000} \times 100$

STEP 2
負荷持続曲線と電力量の計算

負荷持続曲線から負荷電力量を求めることができます．第 6.3 図の負荷持続曲線の負荷の場合，負荷持続曲線の下の部分，すなわちアミの部分が負荷で消費する電力量となります．

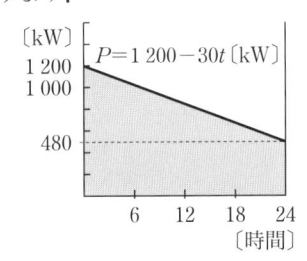

第 6.3 図 負荷持続曲線と電力量

この図において，最大電力を P_{max}〔kW〕，最小電力を P_{min}〔kW〕とすると，

$P_{max} = 1\,200$〔kW〕

$P_{min} = 1\,200 - 30 \times 24 = 480$〔kW〕

したがって，1 日の消費電力量 W_D〔kW・h〕は以下のように求めること

ができます．

$$W_D = \frac{P_{max}+P_{min}}{2} \times 24 = \frac{1\,200+480}{2} \times 24 = 20\,160 \text{ [kW·h]}$$

練習問題

自家用水力発電所を有して一般電気事業者（電力会社）と常時系統連系している工場があり，この工場の1日の負荷持続曲線は，次の式および図で表される．

$P = 30\,000 - 800t$

（Pは負荷[kW]，tは時間[h]）

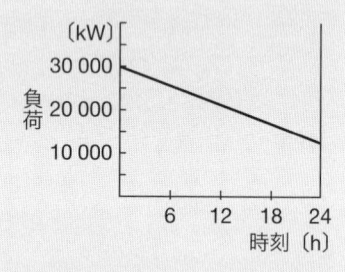

工場の電力需要に対し，発電電力に余剰を生じるときは電力系統に送電している．いま，この水力発電所のある日の発生電力が20 000 [kW]で一定であったとすると，その日の電力系統への送電電力量 [kW·h] の値を求めよ．

【解答】　52 900 [kW·h]

【ヒント】　負荷電力と発電電力 P_w が一致する時間を t_x，24時間の負荷電力を P_{24} とすると，

$P_w = 20\,000 = 30\,000 - 800t_x$

水力発電所の余剰電力による系統への送電電力量 W は，次図のアミ部の面積に相当する．

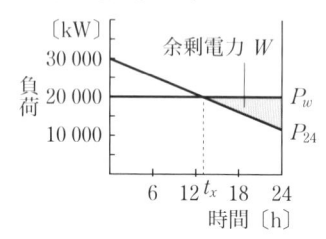

$$W = \frac{(24-t_x) \times (20\,000-P_{24})}{2}$$

第6章 Lesson 3 力率改善とコンデンサ

STEP 0 事前に知っておくべき事項

力率改善(りきりつかいぜん)の問題を解くためには，有効電力，無効電力，皮相電力，力率（進み，遅れ）について理解しておくことが必須です．これらは"理論"の分野ですが，簡単におさらいします．

- 有効電力 P：抵抗で消費される電力（電圧と電流の同一方向成分の積），単位：〔W〕
- 無効電力 Q：コイルやコンデンサで蓄積される電力（電圧と電流の直角成分の積），単位：〔var〕
- 皮相電力 S：電圧と電流の積，単位：〔V・A〕
- 力率 p.f：皮相電力に対する有効電力の比率
- 位相差角 θ：電圧と電流の位相差の角度，有効電力と無効電力の位相差の角度（力率角ともいう）

覚えるべき重要ポイント

- 無効電力を低減すると，皮相電力は有効電力と近くなり，力率は1に近づきます．これを力率改善といいます．
- 需要家においては遅れ力率となっているのが一般的ですから，電力用コンデンサを接続して力率を改善します．

STEP 1

力率改善

有効電力 P，無効電力 Q，皮相電力 S，力率 p.f，位相差角 θ の関係を式で表すと，次の式が成り立ちます．

$$S = \sqrt{P^2 + Q^2}$$

$$\text{p.f} = \frac{P}{S} = \cos\theta$$

$$P = S\cos\theta$$

$$Q = \sqrt{S^2 + P^2} = S\sin\theta$$

ここで,無効電力 Q を低減すると,S は P に近づき,p.f は 1 に近づきます．これを力率改善といいます．

無効電力は，コイルやコンデンサを内蔵する電気機器を動作させるためには不可欠なものです．無効電力を発電設備側から供給すると，送電線や配電設備の容量を大きくしなければならず，また，送電中の電力損失も大きくなります．需要家側で力率を改善することで，これらの無駄を省くことができます．そのため,できるだけ負荷に近い場所で無効電力が 0 に近くなるよう，コンデンサまたはリアクトルを設置します．

需要家においては，モータや照明器具など誘導性の負荷により遅れ力率となっていることが多いので，その場合は電力用コンデンサを接続して力率を改善します（第6.4図）．

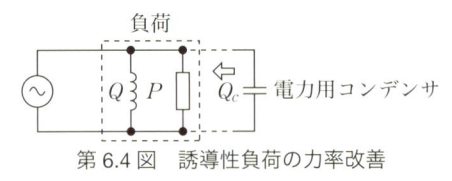

第 6.4 図　誘導性負荷の力率改善

第6.4図の回路の力率改善のベクトル図を描くと第6.5図のようになります．負荷の無効電力は Q（遅れ）ですが,電力用コンデンサの消費電力は Q_c（進み）であり打ち消し合うように作用するため，コンデンサ接続後の無効電力 Q' は次のようになります．

$$Q' = Q - Q_c$$

このため，皮相電力も S から S' へと小さくなり，電源側の無効電力供給や線路損失を抑制することができます．

コンデンサ接続後,力率は $\dfrac{P}{S}$ から $\dfrac{P}{S'}$ となり，1 に近づくため改善されます．

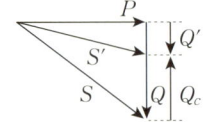

第 6.5 図　力率改善のベクトル図

Lesson 3 力率改善とコンデンサ

練習問題

100〔kV・A〕，遅れ力率80〔%〕の負荷に電力を供給している変電所がある．負荷と並列に40〔kV・A〕のコンデンサを設置して力率を改善すれば，変圧器にかかる負荷〔kV・A〕はいくらになるか．

【解答】 82.5〔kV・A〕

【ヒント】 負荷の有効電力を P〔kW〕，皮相電力を S〔kV・A〕，コンデンサの電力容量を Q_c〔kvar〕，力率改善後の無効電力を Q'〔kvar〕，皮相電力を S'〔kV・A〕とする．

$$Q = \sqrt{S^2 - P^2}$$
$$Q' = Q - Q_c$$
$$S' = \sqrt{P^2 + Q'^2}$$

【補足】 力率 = 80〔%〕のときの解法

力率が80〔%〕のとき，すなわち0.8のとき，次式から無効電力の比率が0.6であることが求まります．

$$\sqrt{1^2 - 0.8^2} = \sqrt{1 - 0.64} = 0.6$$

つまり，(皮相電力):(有効電力):(無効電力) = 1:0.8:0.6 ですが，この比率は試験問題で頻出するので暗記しておきましょう．この比率を用いれば，

$$Q = S \times 0.6 = 100 \times 0.6 = 60〔\text{kvar}〕（遅れ）$$

のように簡単に求めることが可能なので，時間が節約でき，計算ミスも防止できます．

STEP 2
力率が異なる負荷を組み合わせた合成負荷の力率

負荷Aと負荷Bの消費電力（有効電力）が P_A, P_B, 無効電力が Q_A, Q_B, 皮相電力が S_A, S_B, 力率角が θ_A, θ_B であるとき，合成負荷の有効電力，無効電力，皮相電力を P, Q, S とすると，次の式で表すことができ，また第6.6図のように図示できます．

$$P_A = S_A \cos\theta_A, \quad P_B = S_B \cos\theta_B, \quad P = P_A + P_B$$
$$Q_A = S_A \sin\theta_A, \quad Q_B = S_B \sin\theta_B, \quad Q = Q_A + Q_B$$
$$S = \sqrt{P^2 + Q^2} = \sqrt{(P_A + P_B)^2 + (Q_A + Q_B)^2}$$

このとき合成負荷の力率 p.f は次式から求めることができます．

$$\mathrm{p.f} = \frac{P}{S} = \frac{P}{\sqrt{P^2 + Q^2}} = \frac{P_A + P_B}{\sqrt{(P_A + P_B)^2 + (Q_A + Q_B)^2}}$$

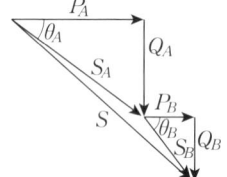

第 6.6 図　合成負荷のベクトル図

練習問題

定格容量 1 000 〔kV・A〕の変圧器から 720 〔kW〕，遅れ力率 0.8 の負荷に電力を供給している．いま，120 〔kW〕，遅れ力率 0.6 の負荷を増設する必要を生じた．これに関し，次の問に答えよ．

(a) コンデンサを設置しない状態で，新たに負荷を追加した場合の合成負荷の力率を求めよ．

(b) 変圧器を増設しないで，力率改善により対処する場合，設置すべきコンデンサの最小の容量〔kvar〕はいくらか．

【解答】　(a) 0.768（遅れ），(b) 157 〔kvar〕

【ヒント】　720〔kW〕，120〔kW〕の負荷それぞれの有効電力，無効電力，皮相電力を P_A, P_B, Q_A, Q_B, S_A, S_B, 合成負荷の有効電力，無効電力を P, Q とする．

(a) $Q_A = S_A \sqrt{1 - 0.8^2}$

$Q_B = S_B \sqrt{1 - 0.6^2}$

$Q = Q_A + Q_B$

$$\mathrm{p.f} = \frac{P}{\sqrt{P^2 + Q^2}}$$

(b) 変圧器容量を S'，許容される最大無効電力を Q' とすると，

$$Q' = \sqrt{S'^2 - P^2}$$

変圧器を増設せずに運用するためには，無効電力を Q' 以下にせねばならない．そのために設置するコンデンサの容量を Q_c とすると，

$$Q_c = Q - Q'$$

第6章 Lesson 4 水力発電所の運用

STEP 0 事前に知っておくべき事項

- エネルギー量 U〔J〕と電力量 W〔W・h〕は，同じ次元の物理量ですが，次の式で換算する必要があります．

  $$U〔J〕= W〔W・h〕\times 3\,600$$

- 電力量 X〔W・h〕とは電力 X〔W〕を1時間（＝3 600〔秒〕）継続したときのエネルギー量です．P〔W〕を T〔h〕継続した場合の電力量 W〔W・h〕は，次のようになります．

  $$W = PT 〔W・h〕$$

覚えるべき重要ポイント

- 水力発電には水を貯える能力を有すものと，有さないものがあり，前者は日負荷変動に対応し，また，後者はベース電力の一部として使われるのが一般的です．
- 水を貯える方式として調整池式と貯水池式があり，いずれも日負荷変動，ピーク負荷への発電電力調整に重要な役割を担っています．
- 水力発電所の発電電力，発電電力量は次式から求めます．

  発電電力 ＝ 9.8 × 発電効率 × 1秒当たりの流量 × 有効落差

  $$発電電力量 = \frac{9.8 \times 発電効率 \times 水量 \times 有効落差}{3\,600}$$

STEP 1

(1) 流込式発電所，調整池式発電所，貯水池式発電所

(a) 流込式水力発電所

河川の自然流をそのまま発電に利用する方式で，自流式とも呼ばれる（第6.7図）．構造が簡単ですが，流量を調節できないため，水量が多いときは水が無駄になり，少ないときは発電電力が小さくなります．

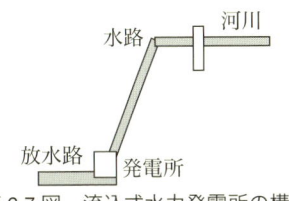

第 6.7 図　流込式水力発電所の構造 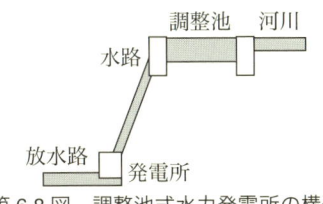　　第 6.8 図　調整池式水力発電所の構造

(b) 調整池式水力発電所

　水路の途中に調整池を設けるか，もしくは，取水堰を大きくして河川に調整池を設ける方式です（第6.8図）．調整池は貯水池ほど容量が大きくなく，短い期間内での負荷や水量の変動に対応します．

(c) 貯水池式水力発電所

　ダム（貯水池）に大量の水を蓄え，梅雨，台風，雪解けによる水を貯水し，渇水期にこれを利用することで，季節による河川流量の変動に対して一定の発電能力を確保します．また，水量の季節変動，発電設備の保守に対する発電所運転計画に対して，発電電力を調節する役割を担います．

　ダムの堰の高さを有効落差に活用することも特徴です（渇水期には有効落差も小さくなります）．

(2) **水力発電所の発電電力**

　第6.9図のように，流量：Q〔m³/s〕，有効落差：H〔m〕，水車効率：η_w，発電機効率：η_g のとき，発電電力 P〔kW〕は，

$$P = 9.8\eta_w\eta_g QH = 9.8\eta QH \text{〔kW〕} \quad ①$$

$$(\eta = \eta_w\eta_g)$$

で求めることができます．

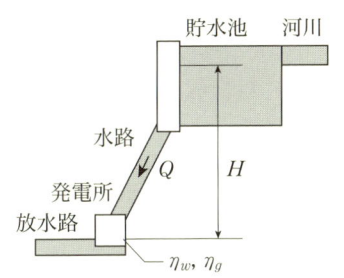

第 6.9 図　貯水池式水力発電所の構造

(3) 流量と水量

流量 Q 〔m³/s〕の水が T 〔h〕流れた場合の水量 V 〔m³〕は，次の関係にあります．

$$V = Q \times T \times 3\,600 \quad [\text{m}^3]$$

練習問題

有効落差 100〔m〕の調整池式水力発電所がある．河川の流量が 20〔m³/s〕で安定している時期に，毎日，図のように 16 時間は発電せずに全流量を貯水し，8 時間だけ自流分に加え貯水分を全量消費して発電を行うものとするとき，次の(a)および(b)に答えよ．ただし，水車および発電機の総合効率は 85〔%〕とする．

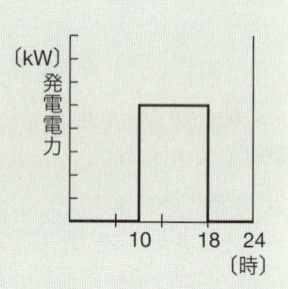

(a) 1日当たりの総流入量〔m³〕を求めよ．
(b) 発電電力〔kW〕はいくらか．

【解答】 (a) 1.73×10^6 〔m³〕, (b) 50×10^3 〔kW〕
【ヒント】 (b) $P = 9.8\eta QH$ 〔kW〕

STEP 2
水力発電所の発電電力量

水量 V 〔m³〕の水が，有効落差を H〔m〕，発電効率 η の水力発電所で発電されたとすると，V により発電されるエネルギー U〔kJ〕は，

$$U = 9.8\eta VH \quad [\text{kJ}] \qquad ②$$

電力量 W〔kW・h〕にすると，次式から求めることができます．

$$W = \frac{U}{3\,600} = \frac{9.8\eta VH}{3\,600} \quad [\text{kW·h}] \qquad ③$$

練習問題

最大使用水量 30 [m³/s]，有効落差 20 [m] の流込式水力発電所がある．この発電所が利用している河川の流量 Q が図のような年間流況曲線（日数 d が 100 日以上の部分は $Q=-0.10d+50$ [m³/s] で表される）であるとき，次の(a)，(b)に答えよ．

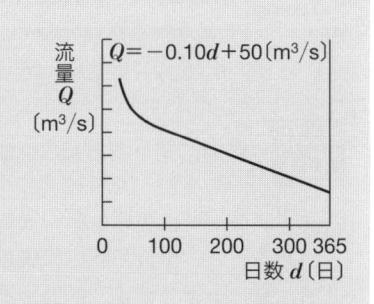

ただし，水車および発電機の効率はそれぞれ 90 [%] および 95 [%] で，流量によって変化しないものとする．

(a) この発電所で年間にいっ水が発生する日数の合計は何日か．ただし，いっ水とは河川流量を発電に利用しないで，無効に放流することをいう．

(b) この発電所の年間可能発電電力量 [GW・h] の値を求めよ．

【解答】 (a) 200 [日]，(b) 38.6 [GW・h]

【ヒント】 (a) 流込式発電所では，最大使用水量を超える流水はいっ水として利用されることなく放流される．最大使用水量を流量として与式に代入すると，いっ水日数 d_1 を求めることができる．

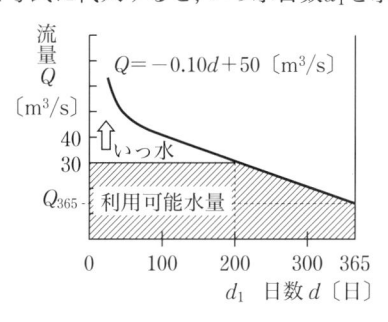

(b) (a)の結果，図の斜線部が利用可能水量であることがわかる．365 日の流量を Q_{365} とすると，斜線部の全水量 V は，

$$V=\left\{Q_{365}\times365+\frac{(30-Q_{365})\times(d_1+365)}{2}\right\}\times24\times3\,600$$

第6章 Lesson 5 変圧器の損失と効率

STEP 0 事前に知っておくべき事項

　変圧器には，無負荷時の損失が小さく全負荷時の損失が大きいものがある一方，無負荷時の損失が大きく全負荷時の損失増加が小さいものがあります．また，低損失のものは比較的高価なため，変電設備の設計時には，負荷特性，変圧器の損失特性，価格を勘案して機器を選択します．

　また，複数台の変圧器を並列運転して負荷に電源供給する場合，負荷が小さい時間帯においては，台数を減らして運転した方が損失を低減できることがあります．

　これらについて施設管理として出題されますので，以下で解説します．

覚えるべき重要ポイント

- 変圧器の損失は，無負荷損失と負荷損失から成ります．
- 無負荷損失 ≒ 鉄損，負荷損失 ≒ 銅損とみなすことができます．
- 鉄損は，負荷の大小に関係なく一定です．
- 銅損は負荷電流（負荷率）の2乗に比例します．
- 変圧器の効率は，銅損 ＝ 鉄損となる出力において最高となります．

STEP 1

(1) 変圧器の損失

　変圧器や回転機の損失は，おもに第6.10図のように分類できます．これらのうち，漂遊負荷損は小さな値であるため，変圧器では次のようにみなすことができます．

　　　無負荷損失 ≒ 鉄損
　　　負荷損失 ≒ 銅損

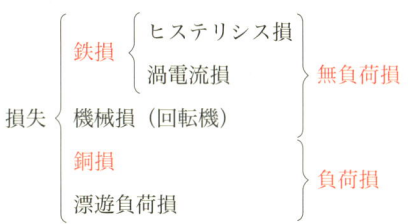

```
                ┌ ヒステリシス損
         ┌ 鉄損 ┤                    ┐
         │      └ 渦電流損           ├ 無負荷損
損失 ────┤ 機械損（回転機）          ┘
         │ 銅損                      ┐
         └ 漂遊負荷損                ┴ 負荷損
```

第6.10図　変圧器・回転機の損失の分類

(2) 鉄損

変圧器の鉄心内に磁束の交番が生じることにより発生する損失です．概ね供給電圧の2乗に比例するので，負荷の大小に関係なく一定です．鉄損を P_i とすると，

$$P_i = （一定） \qquad ④$$

(3) 銅損

巻線の抵抗に負荷電流が流れることにより生じるジュール損です．負荷電流（負荷率）の2乗に比例します．全負荷銅損を P_{cn}，定格容量を P_n としたとき，変圧器負荷（皮相電力）が P の場合の銅損 P_c は，

$$P_c = P_{cn}\left(\frac{P}{P_n}\right)^2 \qquad ⑤$$

(4) 変圧器の最高効率

変圧器の効率は，銅損＝鉄損となる出力において最高となります．すなわち，効率が最高となる銅損 P_c と鉄損 P_i の関係は，

$$P_i = P_c \qquad ⑥$$

⑥式と④式，⑤式より，変圧器の負荷 P が次の場合，最高効率となります．

$$P = P_n\sqrt{\frac{P_i}{P_{cn}}} \qquad ⑦$$

練習問題

定格容量100〔kV・A〕，鉄損428〔W〕の変圧器があり，75〔%〕負荷（力率100〔%〕）で効率が最高となる．

(a) 効率が最高となるときの銅損はいくらか．

(b) この変圧器が全負荷（力率100〔%〕）のときの銅損はいくらか．

【解答】 (a) 428〔W〕, (b) 761〔W〕

【ヒント】 (a) 最高効率となるときの銅損 P_c は鉄損 P_i に等しい．

$$P_c = P_i$$

(b) 全負荷銅損を P_{cn} とすると，

$$P_c = P_{cn}\left(\frac{P}{P_n}\right)^2$$

STEP 2
(1) 変圧器の効率

変圧器の効率 η は次式で求めることができます．

$$\eta = \frac{nP_n}{nP_n + P_i + n^2 P_c} \times 100$$

$$= \frac{P}{P + P_i + \left(\dfrac{P}{P_n}\right)^2 P_c} \times 100 \ \text{〔％〕} \tag{8}$$

ただし，P_n：定格出力，P：出力，P_i：鉄損，P_c：全負荷銅損

$n = \dfrac{P}{P_n}$：出力比

(2) 変圧器の全日効率

変圧器の全日効率 η_d は次式で求めることができます．

$$\eta_d = \frac{W}{W + W_L} \times 100 = \frac{W}{W + W_i + W_c} \times 100 \ \text{〔％〕} \tag{9}$$

ただし，W：全日の出力電力量，W_L：全日の損失電力量
W_i：全日の鉄損電力量，W_c：全日の銅損電力量

練習問題

定格容量 100 〔kV・A〕, 定格時の銅損 1.5〔kW〕, 鉄損 900〔W〕の変圧器がある. この変圧器の二次側負荷曲線が図のような場合, 次の(a), (b)に答えよ. ただし, 負荷の力率は終日 80〔%〕とする.

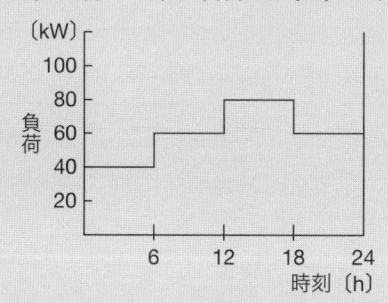

〔kW〕
負荷
100
80
60
40
20
6　12　18　24
時刻〔h〕

(a) この変圧器の１日の全損失電力量〔kW・h〕を求めよ.
(b) このときの全日効率〔%〕を求めよ.

【解答】 (a) 43.0〔kW・h〕, (b) 97.1〔%〕

【ヒント】 (a) （0〜6 時），（6〜12 時, 18〜24 時），（12〜18 時）の各時間帯の皮相電力を, S_1, S_2, S_3 として求め, １日の銅損電力量を求める.

(b) １日の出力電力量 W_o と(a)で求めた全損失電力量より, ⑨式を使って求める.

STEP-3 総合問題

【問題1】 ある変電所から供給される下表に示す需要家A，BおよびCがある．これに関して次の(a)，(b)，(c)に答えよ．なお，いずれの負荷も力率は100〔％〕である．

単位：〔kW〕

需要家	設備容量	最大需要電力	平均需要電力	合成最大需要電力
A	450	180	90	380
B	170	102	61.2	
C	480	288	86.4	

(a) 各需要家の需要率を求めよ．
(b) 各需要家のうち，負荷率が最も小さいのはどれか．
(c) 各需要家間の不等率を求めよ．

【問題2】 負荷設備の合計容量800〔kW〕，最大負荷電力500〔kW〕，遅れ力率0.8の三相平衡の動力負荷に対して，定格容量300〔kV・A〕の単相変圧器3台を△－△結線して供給している高圧自家用需要家がある．この需要家について，次の(a)および(b)に答えよ．
(a) 動力負荷の需要率〔％〕を求めよ．
(b) いま，3台の変圧器のうち1台が故障したため，2台の変圧器をV結線して供給することとしたが，負荷を抑制しないで運転した場合，最大負荷時で変圧器は何パーセント〔％〕過負荷となるか．

【問題3】 ある変電所において，図のような日負荷特性を有する三つの負荷群A，B，Cに電力を供給している．この変電所に関して，次の(a)，(b)，(c)(d)の問に答えよ．
　ただし，負荷群A，BおよびCの最大電力は，それぞれ6 500〔kW〕，4 000〔kW〕，2 000〔kW〕とし，また，負荷群A，BおよびCの力率は時間に関係なく一定で，それぞれ60〔％〕，80〔％〕，100〔％〕とする．

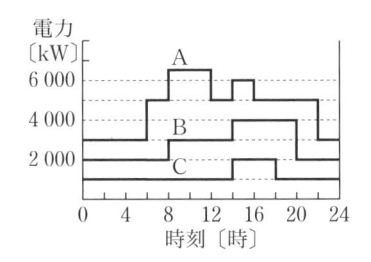

(a) 三つの負荷群相互間の不等率を求めよ．
(b) 負荷群 B の負荷率を求めよ．
(c) 最大負荷時の皮相電力を求めよ．
(d) 変電所の変圧器容量を 15 000 [kV・A] としたい．変電所に設置すべき電力用コンデンサの容量を求めよ．

【問題 4】 定格容量 200 [kV・A]，鉄損 1.8 [kW] および全負荷銅損 2.4 [kW] の変圧器がある．この変圧器を 1 日のうち無負荷で 10 時間，定格電流の 50 [%]（力率 1.0）で 6 時間，定格電流（力率 0.85）で 8 時間使用するときに，次の(a)，(b)，(c)に答えよ．

(a) この変圧器の 1 日の全損失電力量 [kW・h] はいくらか
(b) このときの全日効率 [%] はいくらか
(c) この変圧器の日負荷率 [%] はいくらか

【問題 5】 同一定格の単相変圧器 2 台が並列運転している．変圧器は，定格二次電流 100 [A]，定格負荷時の銅損 250 [W]，定格電圧時の鉄損 120 [W] である．定格電圧において運転中，負荷電流がある値以下となると，変圧器を 1 台切り離し単独運転したほうが効率が高くなる．その電流値を求めよ．

第1章　電気事業法・電気工事士法・電気用品安全法

【問題1】　(1)　○，(2)　×，(3)　○，(4)　○，(5)　×

(1)　電気事業法施行規則第56条

(2)　5 000〔kW〕以上の発電所であるため第2種電気主任技術者を選任した点は正しい．しかし，工事，維持，運用のいずれにおいてもボイラー・タービン主任技術者を選任する必要があります．よって，誤り．（電気事業法施行規則第56条）

(3)　500〔kW〕未満の需要設備ですから，第1種電気工事士試験の合格者を許可主任技術者として選任できます．また，複数の事業場の主任技術者を兼ねることができないのが原則ですが，産業保安監督部長の承認を受ければ兼任できます．よって，正しい．（電気事業法第43条第2項，経済産業省内規，電気事業法施行規則第52条第3項）

(4)　7 000〔V〕以下で受電する需要設備については，問題文の要件を満たせば，電気主任技術者を選任しないことができます．よって，正しい．（電気事業法施行規則第52条第2項）

(5)　電圧3 000〔V〕以上の自家用電気工作物が起因して一般電気事業者の供給支障を発生させた事故であり，産業保安監督部長への報告事項です．よって，誤り．（電気関係報告規則第3条第2項）

【問題2】　(ア)　卸電気事業，(イ)　卸供給，(ウ)　6，(エ)　202，(オ)　標準周波数，(カ)　需給の調整，(キ)　制限

(ア)(イ)　電気事業法第2条，電気事業法施行規則第2条
(ウ)～(オ)　電気事業法第26条，電気事業法施行規則第44条
(カ)(キ)　電気事業法第27条

　電気事業者の分類は，電験第3種では出題されていません．しかし，電力供給の自由化，再生可能エネルギーの供給拡大，災害による電力供給能力の不足などが社会的関心を集めており，そろそろ出題される可能性があります．

　電圧，周波数の維持については，時折出題されています．一般電気事業者（電力会社）には電力品質を維持する義務があること，また，電気事業者の力ではそれを維持できない場合には，需給調整をする権限を国が有することを併せて覚えておきましょう．

【問題3】 (ア) 工事, (イ) 保安, (ウ) 50, (エ) 5 000, (オ) 第1種
1. Lesson 3 Step 1 (3)参照，電気事業法第43条第4項
2. Lesson 3 Step 1 (3)参照，電気事業法施行規則第56条
3. Lesson 4 Step 2 参照，電気工事士法第3条

【問題4】 (ア) 設置, (イ) 技術基準, (ウ) 危害, (エ) 磁気的, (オ) 電気の供給
1. 事業用電気工作物は，設置者に技術基準への適合義務があります（電気事業法第39条）．
2. 事業用電気工作物を技術基準に適合させる目的は，"人体への危害"，"物件への損傷"，"電気的・磁気的な障害"，"電気事業者の電気の供給の支障"を防止するためです（電気事業法第39条第2項）．

【問題5】 (ア) 経済産業大臣, (イ) 制限, (ウ) 48, (エ) 30, (オ) 産業保安監督部長
1. 一般用電気工作物は，技術基準に適合するように工事することが電気工事士に義務付けられています．また，国には一般電気工作物を技術基準に適合させる権限があり，電気供給者には一般用電気設備が技術基準に適合しているか調査する義務があります（電気工事士法第5条，電気事業法第56条・第57条）．
2. Lesson 3 Step 1 (6)参照（電気関係報告規則第3条第2項）

第2章 電気設備技術基準

【問題1】 (ア) 地絡, (イ) 乾燥, (ウ) 一般公衆の立ち入る, (エ) 損傷
地絡保護対策については，電気設備全般に対して電技第15条で規定していますが，ロードヒーティング，プールなど地絡が発生した場合に感電や火災の危険性が極めて高くなる設備に対しては，地絡に対する保護装置が必須であることを電技第64条で規定しています．

1. 電気設備技術基準第15条
2. 電気設備技術基準第64条

総合問題の解答・解説

【問題2】 (ア) 伝送路, (イ) 継続的, (ウ) 高圧または特別高圧, (エ) 中性点直接接地式, (オ) ポリ塩化ビフェニル

各章から高周波障害防止，供給支障防止，公害防止に関する規定を集めて設問を作成しました．高周波障害については継続的かつ重大な障害の防止，公害防止については絶縁油の流出と浸透の防止，ポリ塩化ビフェニル使用機器の施設防止が要点です．

1. 電気設備技術基準第17条
2. 電気設備技術基準第67条
3. 電気設備技術基準第18条
4. 電気設備技術基準第19条第10項
5. 電気設備技術基準第19条第14項

【問題3】 (ア) 絶縁性能, (イ) 絶縁電線, (ウ) ケーブル, (エ) 使用形態, (オ) 強度

各章から使用電線に関する規定を集めて設問を作成しました．架空電線と地中電線では使用可能な電線の種別が異なること，配線については絶縁性能のみならず十分な強度を求めていることが要点です．

1. 電気設備技術基準第21条
2. 電気設備技術基準第21条第2項
3. 電気設備技術基準第57条第1項

【問題4】 (ア) 混触, (イ) 接地, (ウ) 異常電圧, (エ) 1/2 000, (オ) 0.4

各章から絶縁性能に関する規定を集めて設問を作成しました．事故時の異常電圧にも耐えうること，低圧電線路については漏えい電流の上限を定めていること，電気使用場所においては使用電圧に応じた絶縁抵抗値を定めていることが要点です．

電気設備技術基準第5条，第5条第2項
電気設備技術基準第22条
電気設備技術基準第58条

【問題5】 ㈎ 電圧, ㈏ 火災, ㈐ 接続不良, ㈑ 特別高圧, ㈒ 充電部分

各章から感電・火災の防止に関する規定を集めて設問を作成しました．電気の使用場所の配線については，移動電線の扱いを定めていることが特徴です．

a. 電気設備技術基準第 20 条
b. 電気設備技術基準第 56 条第 1 項
c. 電気設備技術基準第 56 条第 2 項
b. 電気設備技術基準第 56 条第 3 項

第3章　電気設備技術基準の解釈

【問題1】 ㈎ 木製, ㈏ 耐火性, ㈐ 1, ㈑ 2, ㈒ 35 000

電技第 9 条第 2 項および電技解釈第 23 条からの出題です．電技解釈は，電技をもとにしたものですから，本問のように両者を複合した問題も多く出題されます．

Lesson 1　Step 1(6)参照．

【問題2】 ㈎ 短絡電流, ㈏ 水平, ㈐ 2, ㈑ 1, ㈒ 1.25

Lesson 1　Step 1(7)参照．
電気設備技術基準の解釈第 33 条．

【問題3】 (1), (3)

(1) 特別高圧計器用変成器の二次側電路：A 種接地工事
　　高圧計器用変成器の二次側電路：D 種接地工事
(3) 300〔V〕以下で使用する機械器具の金属製外箱：D 種接地工事
　Lesson 1　Step 2(2)第 3.6 表参照．

【問題4】 ㈎ 充電部分, ㈏ 開閉器, ㈐ 過電流遮断器, ㈑ 金属管工事, ㈒ 張力

Lesson 2　Step 1(3)参照．
電気設備技術基準の解釈第 200 条．

173

総合問題の解答・解説

【問題5】 (ア) 圧力, (イ) 掘削工事, (ウ) 1.2, (エ) 0.6, (オ) 耐火性
Lesson 3 Step 1 (7)(8)参照.
1. 電気設備技術基準第47条
2. 電気設備技術基準の解釈第120条
3. 電気設備技術基準の解釈第125条

【問題6】 (3)
(1) 電線には絶縁電線を使用しますが,屋外用ビニル絶縁電線は使用できません.したがって,誤り.
(2) 金属管内で,電線に接続点を設けることはできません.したがって,誤り.
(3) 正しい.なお,管の厚さは,継手のない長さ4〔m〕以下のものを乾燥した展開した場所に施設する場合は,0.5〔mm〕以上.とくに規定するもの以外は1〔mm〕以上となっています.
(4) 金属管には,次の接地を施すよう規定されています.したがって,誤り.
・使用電圧が300〔V〕以下:D種接地
・使用電圧が300〔V〕超過:C種接地(接触防護措置を施す場合はD種接地とすることができます)
(5) 金属管工事に使用する金属管およびボックスその他の付属品は,電気用品安全法の適用を受けたものまたは黄銅もしくは銅で堅ろうに製作したものを用います.したがって,誤り.
Lesson 4 Step 2 (3)参照.
電気設備技術基準の解釈第159条.

【問題7】 (ア) 85〔A〕, (イ) 155〔A〕, (ウ) 70〔A〕, (エ) 110〔A〕,
(オ) 66〔A〕, (カ) 165〔A〕,

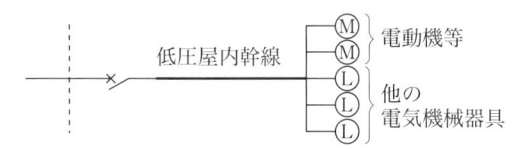

第1図 低圧屋内幹線の負荷分布

第1図のように電動機と他の電気機器が接続された場合における低圧幹線の電流許容と遮断器定格は，電技解釈第148条で定められており，本文のLesson 4　Step 1(2)にて解説しました．以下，本文中の"(b), (d)"を参照しながら，解答します．

a．幹線の許容電流

　　電動機等の電流の合計 ＞ 他の電気機器の電流の合計

　　かつ

　　電動機等の電流の合計 ≦ 50〔A〕

　　(b)(i)が該当するので，

　　　　$40 \times 1.25 + 35 = 85$〔A〕

遮断器の定格電流

　　電動機等が低圧幹線に接続されており，(d)(ii)が該当するので，

　　　　$40 \times 3 + 35 = 155$〔A〕

b．幹線の許容電流

　　電動機等の電流の合計 ≦ 他の電気機器の電流の合計

　　(b)が該当するので，

　　　　$20 + 50 = 70$〔A〕

遮断器の定格電流

　　電動機等が低圧幹線に接続されており，(d)(ii)が該当するので，

　　　　$20 \times 3 + 50 = 110$〔A〕

c．幹線の許容電流

　　電動機等の電流の合計 ＞ 他の電気機器の電流の合計

　　かつ

　　電動機等の電流の合計 ＞ 50〔A〕

　　(b)(ii)が該当するので，

　　　　$60 \times 1.1 + 0 = 66$〔A〕

遮断器の定格電流

　　電動機等が低圧幹線に接続されており，(d)(ii)で計算すると，

　　　　$60 \times 3 + 0 = 180$〔A〕

　　一方，幹線の許容電流の2.5倍は，

　　　　$66 \times 2.5 = 165$〔A〕

であり，

$$電動機等の電流 \times 3 + 他の電流 > 幹線許容電流 \times 2.5$$

となり，(d)(iii)が該当します．したがって，

$$66 \times 2.5 = 165 \text{〔A〕}$$

第4章　電気法令の計算

【問題1】　8 820〔Ω〕以上

変圧器容量：P〔V・A〕，線間電圧（低圧側）：V〔V〕，最大供給電流：I_m〔A〕，最大漏えい電流：I_g〔A〕，絶縁抵抗の最低値：R_g〔Ω〕とすると，次の式が成立します（4章①③⑤式参照）．

$$I_m = \frac{P}{V} \text{〔A〕}, \quad I_g = \frac{I_m}{2\,000} \text{〔A〕}, \quad R_g = \frac{V}{I_g} \text{〔Ω〕}$$

これらの式に与えられた各値を代入すると，

$$I_g = \frac{I_m}{2\,000} = \frac{1}{2\,000} \times \frac{10\,000}{210} = \frac{5}{210} \text{〔A〕}$$

$$R_g = 210 \times \frac{210}{5} = 8\,820 \text{〔Ω〕}$$

絶縁抵抗値は，8 820〔Ω〕以上でなければなりません．

(注)　問題文に「B種接地工事が施されている」という記述がありますが，絶縁抵抗値の算出には接地工事の内容は関係ないので，考慮する必要はありません．

【問題2】　(a)　1.17〔A〕，(b)　687〔mA〕

(a)　電路の最大使用電圧を V_m とすると，

$$V_m = 6\,600 \times \frac{1.15}{1.1} = 6\,900 \text{〔V〕}$$

最大電圧は7 000〔V〕以下ですので，交流で試験する場合の試験電圧 V_T は，第4.1表より，$V_T = 1.5 V_m$ であるので，

$$V_T = 1.5 \times 6\,900 = 10\,350 \text{〔V〕}$$

一方，高圧ケーブル3心一括の静電容量 C は，

$$C = 0.15 \times 10^{-6} \times 0.8 \times 3 = 0.36 \times 10^{-6} \text{〔F〕}$$

充電電流 I は，

$$I = 2\pi \times 50 \times C \times V_T$$
$$= 2\pi \times 50 \times 0.36 \times 10^{-6} \times 10\,350 = 1.170 \,[\text{A}]$$

(b) 電源容量が 5 [kV·A] ですから，絶縁耐力試験時における高圧側（被試験ケーブル側）の最大電流 I_0 は，

$$I_0 = \frac{5\,000}{10\,350} = 0.483 \,[\text{A}]$$

補償リアクトルで補償すべき電流 I_L を求めると，

$$I_L = I - I_0 = 1.17 - 0.483 = 0.687 \,[\text{A}]$$

【問題 3】 16.6 [Ω]

高圧配電線路の線種別線路延長は次のようになります（第 2 図参照）．

　地中電線路（ケーブル）の線路延長：15 [km]
　3 線式架空電線路の線路延長：80 − 15 = 65 [km]

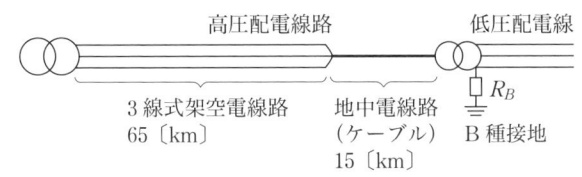

第 2 図　高圧配電線路の線種内訳

$\dfrac{\text{高圧電路の公称電圧}}{1.1}$ を V' [kV]，高圧電線の電線延長を L [km]，高圧ケーブルの線路延長を L' [km] とすると，1 線地絡電流 I_1 は，4 章⑪式より，

$$I_1 = 1 + \frac{\dfrac{V'}{3}L - 100}{150} + \frac{\dfrac{V'}{3}L' - 1}{2} \,[\text{A}]$$

$$V' = \frac{6.6}{1.1} = 6 \,[\text{kV}]$$

$L = 65 \times 3 = 195$ [km]，$L' = 15$ [km] ですから，

$$I_1 = 1 + \frac{\dfrac{6}{3} \times 195 - 100}{150} + \frac{\dfrac{6}{3} \times 15 - 1}{2} = 17.43 \,[\text{kV}]$$

総合問題の解答・解説

2秒以内に高圧電路を遮断する装置を設けるので，B種接地抵抗 R_B〔Ω〕は，4章⑦式より，

$$R_B \leqq \frac{300}{I_g} 〔Ω〕$$

I_g は，I_1 の小数点を切り上げたものですから，

$$R_B \leqq \frac{300}{I_g} = \frac{300}{18} = 16.66 〔Ω〕$$

したがって，B種接地抵抗は16.6〔Ω〕以下でなければなりません．

【問題4】 (a) 40〔Ω〕, (b) 17〔Ω〕

(a) 混触時に1秒以内に高圧電路を自動遮断するので，対地電圧は600〔V〕以下に緩和されます（電技解釈第17条，Lesson 2 Step 1(1)参照）．題意より，B種接地工事の接地抵抗値 R_B は許容値の1/3に維持されているので，

$$R_B = \frac{600}{5} \times \frac{1}{3} = 40 〔Ω〕$$

(b) D種接地工事の接地抵抗値を R_D，空調機の内部抵抗を R_a，地絡電流を I_g とすると，地絡事故時の等価回路は第3図のようになります．

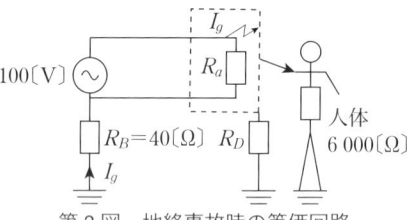

第3図 地絡事故時の等価回路

地絡電流の流れる回路の合成抵抗を R_g とすると，R_g，I_g は（地絡事故時の外箱の電圧上昇が最大となる状態を想定し，$R_a = \infty$〔Ω〕とします），

$$R_g = 40 + \frac{1}{\frac{1}{6\,000} + \frac{1}{R_D}} = 40 + \frac{6\,000 R_D}{6\,000 + R_D} 〔Ω〕 \quad (1)$$

$$I_g = \frac{100}{R_g} 〔A〕 \quad (2)$$

人体を流れる電流 I_M は，

$$I_M = \frac{R_D}{R_D + 6\,000} I_g \quad [\text{A}] \tag{3}$$

式(1)(2)(3)より，

$$I_M = \frac{R_D}{R_D + 6\,000} \times \frac{100}{40 + \dfrac{6\,000 R_D}{6\,000 + R_D}} = \frac{100 R_D}{40(6\,000 + R_D) + 6\,000 R_D}$$

題意より，$I_M \leqq 0.005$ ですので，

$$\frac{100 R_D}{40(6\,000 + R_D) + 6\,000 R_D} \leqq 0.005$$

$$R_D \leqq 17.19 \quad [\Omega]$$

したがって，金属製外箱に施すD種接地抵抗の上限値は 17 〔Ω〕となります．

【問題5】 (a) 20.8〔kN〕, (b) 6条

(a) 支線に働く最大荷重を求めます．

電線間の角度を 2ϕ，電線の高さを H_1，支線の接続箇所の高さを H，両側の電線の張力を P_1，P_2，支線の張力の水平成分を P とすると，第4図のように表すことができます．

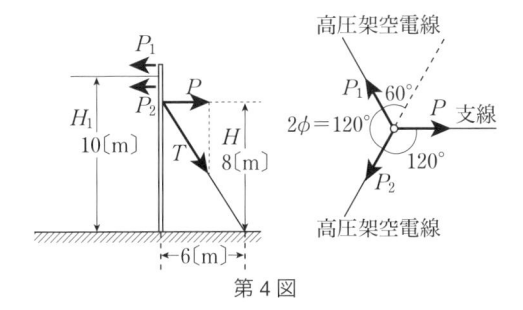

第4図

4章⑳式より，

$$(P_1 + P_2) H_1 \cos\phi = PH \tag{1}$$

題意より，$\phi = 60\,[°]$，$H_1 = 10\,[\text{m}]$，$H = 8\,[\text{m}]$，$P_1 = P_2 = 10\,[\text{kN}]$ を式(1)に代入すると，

$$(10 + 10) \cdot 10 \cos 60° = 8P$$

$$20 \times 10 \times \frac{1}{2} = 8P$$

$$P = \frac{100}{8} = 12.5 \, \text{(kN)}$$

支線の張力 T は，4章⑰式より，

$$T = \frac{P}{\sin \theta} \, \text{(kN)} \tag{2}$$

題意より，

$$\sin \theta = \frac{6}{\sqrt{8^2 + 6^2}} = 0.6$$

これと，上記で求めた P の値を式(2)に代入すると，

$$T = \frac{12.5}{0.6} = 20.83 \, \text{(kN)}$$

したがって，支線の想定最大荷重は，20.8〔kN〕

(b) 支線の素線の条数を求める．

素線1条の強度 Q は，

$$Q = 素線の面積 \times 1.23 = \pi \times \left(\frac{2.6}{2}\right)^2 \times 1.23 = 6.530 \, \text{(kN)}$$

本問での支線は高圧架空電線の水平分力を支えるためのものです．したがって，安全率は1.5であり，素線の条数を N とすると，次式が成り立ちます．

$$N \times Q \times 減少係数 > T \times 安全係数$$

各値を代入すると，

$$N \times 6.53 \times 0.92 > 20.8 \times 1.5$$

$$N > \frac{20.8 \times 1.5}{6.53 \times 0.92} = 5.19$$

したがって，素線は6条以上とする必要があります．

第5章 電気施設管理

【問題1】 (a) 21.7〔A〕, (b) (ア) 自動的, (イ) 小さく, (ウ) 地絡方向継電器

【問題 1】(a), 【問題 2】(a)については，本文中の Step 0～Step 2 の知識のみでは解けませんが，地絡電流計算，変圧比，変流比といった他の科目で学習した知識を身に付けていれば解けます．このように電験の法規では新種の問題に見えても，基礎知識を確実に理解していれば正解できるので，落ち着いて取り組んでください．

(a) 地絡電流の三相回路図を描くと第 5 図のようになります．線間電圧を V〔V〕，地絡回路のインピーダンスを $\dot{Z}$〔Ω〕とすると，地絡電流 I_g は，

$$\dot{I}_g = \frac{V}{\sqrt{3}} \times \frac{1}{\dot{Z}} \text{〔A〕}$$

また，

$$\frac{1}{\dot{Z}} = j\omega(3C_1 + 3C_2)$$

であるから，

$$\dot{I}_g = \frac{V}{\sqrt{3}} \times j\omega(3C_1 + 3C_2)$$

したがって，

$$I_g = \frac{V}{\sqrt{3}} \times \omega(3C_1 + 3C_2) = \sqrt{3}\,\omega V(C_1 + C_2)$$

各値を代入すると，

$$I_g = \sqrt{3} \times 2\pi \times 50 \times 6\,600(6 + 0.03) \times 10^{-6} = 21.655 \text{〔A〕}$$

地絡電流 I_g は 21.7〔A〕となります．

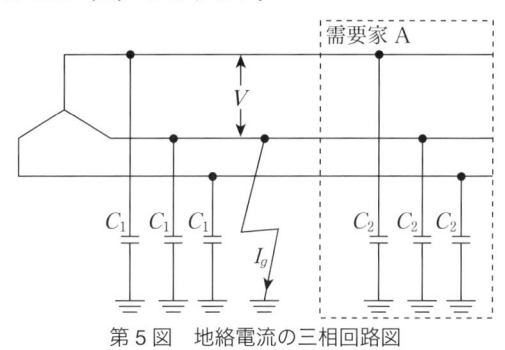

第 5 図 地絡電流の三相回路図

(補足) この設問では $C_1 \gg C_2$ であり，需要家 A の ZCT を流れる地絡電流

は小さくなります．しかし，需要家内の高圧電路におけるケーブル長が長い場合，静電容量 C_2 が大きくなり，電力会社側で地絡事故が発生した場合でも，需要家内の地絡継電器は動作電流より大きな事故電流を検出することがあります．これによる遮断器動作を防止するため，地絡方向継電器により需要家内で発生した地絡電流を検出するようにします．

(b) (ア) 地絡を検出した場合，速やかかつ確実に事故電流を遮断するため，自動的に電路を遮断できる構成にします．

(イ) 主遮断装置の動作電流や動作時限の整定に当たっては，電気事業者の配電用変電所と協議し，需要家側の保護装置が先に動作するように，需要家の整定値を小さくしておきます．

(ウ) (a)の（補足）参照．

【問題2】 (a) 29.7〔A〕，(b) 4

(a) 一次側の電流を I_1，二次側の電流を I_2 とすると，変圧器の変流比は変圧比の逆数なので，

$$I_1 = \frac{210}{6\,600} I_2 \text{ 〔A〕} \tag{1}$$

CT-3の二次電流 I_{CT} は，CT-3の一次電流に変流比を乗じたものなので，

$$I_{CT} = \frac{5}{75} I_1 \text{ 〔A〕} \tag{2}$$

また，$I_2 = I_s = 14$ 〔kA〕であるから，式(1)，(2)より，

$$I_{CT} = \frac{5}{75} \times \frac{210}{6\,600} I_s = \frac{5}{75} \times \frac{210}{6\,600} \times 14\,000 = 29.69 \text{ 〔A〕}$$

したがって，CT-3の二次電流（OCR-3の電流）は，29.7〔A〕となります．

(b) $T \leq 0.7$ 〔秒〕にしたいので，

$$0.7 \geq T = \frac{80}{N^2 - 1} \times \frac{D}{20}$$

この式を変換すると，

$$D \leq 0.7 \times 20 \times \frac{N^2 - 1}{80} \tag{3}$$

題意より，

$$N = \frac{I_{CT}}{電流整定値} = \frac{29.69}{6} \quad (4)$$

式(3)，(4)より，

$$D \leq 0.7 \times 20 \times \frac{\left(\frac{29.69}{6}\right)^2 - 1}{80} = 4.11$$

したがって，OCR-3のダイヤル（時限）整定値 D は 4 に設定します．

【問題3】 (1) ○，(2) ×，(3) ○，(4) ×，(5) ○

(1) 正しい．電気機器は適正電圧で効率的に運転できるように設計されています．したがって，電圧降下がないか測定し逸脱している場合は，電線を太くするまたは負荷配置を見直す必要があります．

(2) 電動機は誘導性なので，力率を改善するためには容量性の機器（コンデンサ）を並列に設置します．よって，誤り．

(3) 正しい．変圧器は機器により最高効率となる需要率（需要電力／機器容量）が異なります．したがって，適正な需要率となるように運転台数や分担負荷を調整します（第6章 Lesson 5 参照）．

(4) 低圧側の第3次高調波は，各相が同相となるため，高圧側にあまり現れませんが，第5次高調波は高圧側に流出します．よって，誤り．

(5) 正しい．ほかの需要家で発生した高調波が，工場内の電力用コンデンサに流入することがあります．これを防止するため直列リアクトルをコンデンサに取り付けます．

【問題4】 (a) 7.00 [A]，(b) 6.60 [A]

(a) 負荷機器の定格電流 I_n は，

$$I_n = \frac{1 \times 10^6}{\sqrt{3} \times 6\,600} = 87.48 \text{ [A]}$$

第5次高調波電流 I_5 は定格電流 I_n の 8 [％] であるから，

$$I_5 = I_n \times 0.08 = 87.48 \times 0.08 = 6.997 \text{ [A]}$$

受電点電圧に換算した第5次高調波電流は 7.00 [A]．

(b) 配電線路の第5次高調波に対するインピーダンスを$\dot{Z}_{5d}$，コンデンサ設備のインピーダンスを$\dot{Z}_{5LC}$，配電系統に流出する第5次高調波電流を$\dot{I}_{5d}$とすると，第5次高調波電流回路は第6図のように表すことができる．

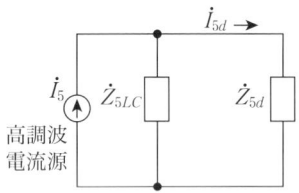

第6図 第5次高調波電流回路

第6図より，

$$\dot{I}_{5d} = \frac{\dot{Z}_{5LC}}{\dot{Z}_{5d}+\dot{Z}_{5LC}}\dot{I}_5 \text{〔A〕} \tag{1}$$

$\dot{Z}_{5d}$，$\dot{Z}_{5LC}$の%インピーダンス%$\dot{Z}_{5d}$，%$\dot{Z}_{5LC}$は題意より，

$$\%\dot{Z}_{5d} = j6 \times 5 = j30 \text{〔%〕}$$

$$\%\dot{Z}_{5LC} = j50 \times \left(6 \times 5 - \frac{100}{5}\right) = j500 \text{〔%〕}$$

これらの値を(1)式に代入すると，

$$\dot{I}_{5d} = \frac{\%\dot{Z}_{5LC}}{\%\dot{Z}_{5d}+\%\dot{Z}_{5LC}}\dot{I}_5 = \frac{j500}{j30+j500} \times 6.997 = 6.600 \text{〔A〕}$$

受電点から配電系統に流出する第5次高調波電流は，6.60〔A〕．

(注) 電流源回路の計算は"理論"，電線路の%インピーダンスは"電力"の分野です．それぞれの科目で学習しておきましょう．

第6章 施設管理に関する計算

【問題1】 (a) 需要家A：40〔%〕, 需要家B：60〔%〕, 需要家C：60〔%〕,
(b) 需要家C, (c) 1.5

(a) 需要率は次のように計算できます．

需要家Aの需要率

$$\frac{180}{450} \times 100 = 40 \text{〔%〕}$$

需要家Bの需要率

$$\frac{102}{170} \times 100 = 60 \,(\%)$$

需要家 C の需要率

$$\frac{288}{480} \times 100 = 60 \,(\%)$$

(b) 負荷率は次のように計算できます．

需要家 A の負荷率

$$\frac{90}{180} \times 100 = 50 \,(\%)$$

需要家 B の負荷率

$$\frac{61.2}{102} \times 100 = 60 \,(\%)$$

需要家 C の負荷率

$$\frac{86.4}{288} \times 100 = 30 \,(\%)$$

上記の計算結果より，需要家 C の負荷率が最も小さくなります．

(c) 不等率は次式で計算できます．

$$\frac{180 + 102 + 288}{380} = 1.5$$

各需要家間の不等率は 1.5．

【問題 2】　(a)　62.5〔%〕，(b)　20.3〔%〕

(a) 動力負荷の需要率は次式にて得られます．

$$需要率 = \frac{最大需要電力}{設備容量} \times 100 = \frac{500}{800} \times 100 = 62.5 \,(\%)$$

(b) 最大負荷時の皮相電力 S は，

$$S = \frac{500}{0.8} = 625 \,(\text{kV} \cdot \text{A})$$

V 結線の変圧器 1 台が負担する皮相電力 S_{TV} は V 結線の全皮相電力 S の $\frac{1}{\sqrt{3}}$ 倍（下記補足式(3)）なので，

$$S_{TV} = \frac{S}{\sqrt{3}} = \frac{625}{\sqrt{3}} \,[\text{kV}\cdot\text{A}]$$

S_{TV} と定格容量 S_n の比 n は,

$$n = \frac{S_{TV}}{S_n} = \frac{625}{\sqrt{3}} \times \frac{1}{300} \fallingdotseq 1.2028$$

したがって,V結線時の変圧器は 20.3 〔％〕過負荷となります.
(補足) V結線時の変圧器負荷

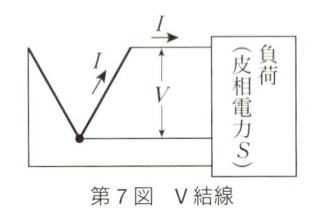

第 7 図　V結線

第7図のように,線電流 I,線間電圧 V で電力供給したとすると,負荷全体の皮相電力 S は,

$$S = \sqrt{3}\,VI \tag{1}$$

変圧器を△結線からV結線にした際,変圧器1台当たりの分担負荷(皮相電力) S_{TV} は,

$$S_{TV} = VI \tag{2}$$

式(1),(2)より,

$$S_{TV} = VI = \frac{S}{\sqrt{3}} \tag{3}$$

したがって,V結線では,1台の変圧器が全負荷の $1/\sqrt{3}$ を担います.△結線では,1台の変圧器が全負荷の 1/3 を担っていたので,△結線とV結線で同一の電力負荷に電力供給する場合,変圧器1台当たりの負荷は $\sqrt{3}$ 倍に増加します.

【問題3】　(a)　1.04,　(b)　68.8〔％〕,　(c)　16 300〔kV・A〕,　(d)　2 000〔kvar〕

不等率,負荷率の問題に,日負荷曲線や力率改善の設問を組み合わせた問題です.この設問の要素のいずれかがほぼ毎年出題されています.確実にマスターしましょう.

(a)　第8図のように合成需要電力の需要電力曲線を描きます.

第8図

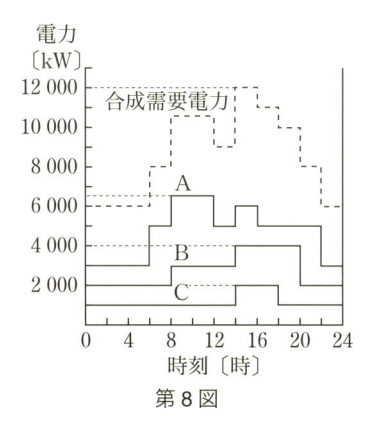

この図より14～16時において合成需要電力が最大となることがわかります．

合成最大需要電力 P_{max} は，$P_{max} = 12\,000$ 〔kW〕．

各負荷群の最大需要電力を P_{Amax}，P_{Bmax}，P_{Cmax} とすると，不等率は，

$$\text{不等率} = \frac{P_{Amax}+P_{Bmax}+P_{Cmax}}{P_{max}} = \frac{6\,500+4\,000+2\,000}{12\,000}$$

$$= 1.041$$

負荷群相互間の不等率は 1.04．

(b) 負荷群 B の平均需要電力 P_{Bav} は，

$$P_{Bav} = \frac{2\,000 \times (8+4) + 3\,000 \times 6 + 4\,000 \times 6}{24} = 2\,750 \text{〔kW〕}$$

$$\text{負荷率} = \frac{P_{Bav}}{P_{Bmax}} \times 100 = \frac{2\,750}{4\,000} \times 100 = 68.75 \text{〔\%〕}$$

負荷群 B の負荷率は 68.8 〔%〕．

(c) 最大負荷時（14～16 時）における，各負荷群の有効電力を P_{A14}，P_{B14}，P_{C14}，無効電力を Q_{A14}，Q_{B14}，Q_{C14} とすると，

$P_{A14} = 6\,000$ 〔kW〕, $P_{B14} = 4\,000$ 〔kW〕, $P_{C14} = 2\,000$ 〔kW〕

$$Q_{A14} = 6\,000 \times \frac{\sqrt{1-0.6^2}}{0.6} = 8\,000 \text{〔kvar〕}$$

$$Q_{B14} = 4\,000 \times \frac{\sqrt{1-0.8^2}}{0.8} = 3\,000 \text{〔kvar〕}$$

$$Q_{C14} = 2\,000 \times \frac{\sqrt{1-1^2}}{1} = 0 \,\,[\text{kvar}]$$

この時間帯の合成負荷の皮相電力 S_{14} は，
$$\begin{aligned}S_{14} &= \sqrt{(P_{A14}+P_{B14}+P_{C14})^2+(Q_{A14}+Q_{B14}+Q_{C14})^2}\\ &= \sqrt{(6\,000+4\,000+2\,000)^2+(8\,000+3\,000+0)^2}\\ &= 16\,278 \,\,[\text{kV·A}]\end{aligned}$$

最大負荷時の皮相電力は $16\,300\,[\text{kV·A}]$．

(d) 変圧器容量（皮相電力）を S_T とすると，変圧器が最大負荷時に許容できる無効電力 Q' は，
$$\begin{aligned}Q' &= \sqrt{S_T{}^2-(P_{A14}+P_{B14}+P_{C14})^2} = \sqrt{15\,000^2-12\,000^2}\\ &= 9\,000\,\,[\text{kvar}]\end{aligned}$$

設置すべき電力用コンデンサの容量 Q_{CON} は，
$$Q_{CON} = (Q_{A14}+Q_{B14}+Q_{C14})-Q' = 11\,000 - 9\,000 = 2\,000\,\,[\text{kvar}]$$

設置すべきコンデンサ容量は $2\,000\,[\text{kvar}]$．

(補足) 電力用コンデンサの容量の注意点

この問題の変電所において，無効負荷が最小となる時間帯は，22〜6時です．このときの無効電力 Q_{min} は，
$$Q_{min} = 3\,000 \times \frac{\sqrt{1-0.6^2}}{0.6} + 2\,000 \times \frac{\sqrt{1-0.8^2}}{0.8} = 5\,500\,\,[\text{kvar}]$$

となり，$Q_{min}>Q_{CON}$ であるので問題ありません．

しかし，$Q_{min}<Q_{CON}$ となるコンデンサを設置すると進相障害が発生しますので，電力用コンデンサの容量を過大にしないよう注意してください．

【問題4】 (a) $66\,[\text{kW·h}]$，(b) $96.7\,[\%]$，(c) $48.0\,[\%]$

(a) 鉄損は負荷の大小に関係なく一定であり（第6章④式），また，銅損は負荷電流の2乗に比例するので（第6章⑤式），この変圧器の1日の全損失電力量 W_{LD} は次式から求めることができる．
$$W_{LD} = 1.8 \times 24 + 2.4 \times (0.5^2 \times 6 + 1 \times 8) = 66\,\,[\text{kW·h}]$$

変圧器の1日の全損失電力量は $66\,[\text{kW·h}]$．

(注) 問題文では，負荷電流が定格電流に対する割合で与えられていますから，銅損の計算において力率を乗除する必要はありません．

(b) 全日出力電力量を W とすると，全日効率 η_d は，

$$\eta_d = \frac{W}{W + W_{LD}} \times 100 \ [\%]$$

$$W = 200 \times (0.5 \times 1 \times 6 + 1 \times 0.85 \times 8) = 1\,960 \ [\text{kW} \cdot \text{h}]$$

であるので，

$$\eta_d = \frac{1\,960}{1\,960 + 66} \times 100 = 96.74 \ [\%]$$

全日効率は 96.7 [%]．

(c) 50 [%] 電流のときの負荷電力 P_1 は，

$$P_1 = 200 \times 0.5 \times 1 = 100 \ [\text{kW}]$$

100 [%] 電流のときの負荷電力 P_2 は，

$$P_2 = 200 \times 1 \times 0.85 = 170 \ [\text{kW}]$$

したがって，1 日の最大負荷電力 P_{max} は，$P_{max} = 170 \ [\text{kW}]$

一方，1 日の平均負荷電力 P_{av} は，

$$P_{av} = \frac{100 \times 6 + 170 \times 8}{24} = 81.66 \ [\text{kW}]$$

日負荷率を求めると，

$$日負荷率 = \frac{P_{av}}{P_{max}} \times 100 = \frac{81.66}{170} \times 100 = 48.03 \ [\%]$$

変圧器の日負荷率は 48.0 [%]．

【問題 5】 98.0 [A] 以下

負荷電流を I [A] とすると，1 台運転時の全損失 P_1 は，

$$P_1 = 120 + 250 \left(\frac{I}{100}\right)^2 \tag{1}$$

また，2 台運転時の変圧器 1 台当たりの電流は I の 1/2 であり，鉄損，銅損はそれぞれ 2 台分生じるので，全損失 P_2 は，

$$P_2 = \left\{120 + 250 \times \left(\frac{\frac{I}{2}}{100}\right)^2\right\} \times 2 \tag{2}$$

式(1), (2)より，$P_1 = P_2$ となるときの I を求めると，

$I = 97.97$ [A]

したがって，負荷電流が 98.0 [A] 以下のとき，変圧器を 1 台で運転したほうが効率が高くなる．

索 引

あ
アークを生じる器具の施設…………………65
暗きょ式……………………………………84
安全率……………………………………117

い
異常時における移動電線・接触電線の電路遮断
　………………………………………………52
一般用電気工作物………………………5, 10
移動電線の施設……………………………91

お
屋外配線……………………………………61
屋側配線……………………………………61
屋内配線……………………………………61
乙種風圧荷重……………………………115

か
開閉所………………………………………35
架空電線等の高さ…………………………44
架空電線路の支持物の昇塔防止………44, 81
架空引込線…………………………………60
架渉線………………………………………62
過電流からの低圧幹線等の保護措置……51
過電流からの電線および電気機械器具の保護対策
　………………………………………………40
過電流遮断器の性能…………………65, 66
可燃性ガス等による爆発危険場所における施設の禁止………………………………………53
感電・火災の防止…………………………38
感電，火災の防止…………………………50
感電の防止…………………………………43
感電または火災の防止………………42, 48, 51
管灯回路……………………………………61
管路式………………………………………84

き
金属管工事…………………………………96
金属線ぴ工事………………………………97
金属ダクト工事……………………………97

け
ケーブル工事………………………………98

こ
計器用変圧器……………………………138
計器用変成器……………………………131
計器用変流器……………………………138
建造物………………………………………61

高圧…………………………………………35
高圧機械器具の施設………………………64
高圧保安工事………………………………82
高圧または特別高圧の電気機械器具の危険の防止………………………………………………38
高周波利用設備への障害の防止…………40
高調波……………………………………140
高調波対策………………………………142
公害の防止…………………………38, 41
公称電圧……………………………………59
工作物………………………………………61
工作物の金属体を利用した接地工事……71
甲種風圧荷重……………………………115
合成樹脂管工事……………………………95
合成負荷の力率…………………………157

さ
最大供給電流……………………………107
最大使用電圧………………………………59

し
自家用電気工作物…………………………11
自家用電気工作物（500〔kW〕以上）……4
自家用電気工作物（500〔kW〕未満）……5
自消性………………………………………62
事業用電気工作物…………………………10
事故報告……………………………………19
支持物の倒壊の防止………………………45
支線の安全率…………………………119, 121
支線の施設方法…………………………119
支線の張力計算…………………………120
支線の引張強さ…………………………119
弱電流線等…………………………………61
遮断器に求められる性能………………133
主任技術者…………………………………5
主任技術者の選任…………………………17
需要場所……………………………………60
需要率……………………………………148

191

常時監視をしない発電所等の施設‥‥‥‥‥46
使用電圧‥‥‥‥‥‥‥‥‥‥‥‥‥‥‥‥59

す

水力発電所の発電電力‥‥‥‥‥‥‥‥ 161

せ

責任分界点‥‥‥‥‥‥‥‥‥‥‥‥‥ 130
絶縁耐力試験‥‥‥‥‥‥‥‥‥‥‥‥ 108
絶縁抵抗値‥‥‥‥‥‥‥‥‥‥‥‥‥ 107
絶縁油‥‥‥‥‥‥‥‥‥‥‥‥‥‥‥‥41
接近‥‥‥‥‥‥‥‥‥‥‥‥‥‥‥‥‥61
接近状態‥‥‥‥‥‥‥‥‥‥‥‥‥‥‥81
接地極‥‥‥‥‥‥‥‥‥‥‥‥‥‥‥‥71
接地工事‥‥‥‥‥‥‥‥‥‥‥‥‥‥‥68
接地工事の種類‥‥‥‥‥‥‥‥‥‥‥‥68
接地工事の方法‥‥‥‥‥‥‥‥‥‥‥‥71
接地工事の目的と場所‥‥‥‥‥‥‥‥‥69
接地線‥‥‥‥‥‥‥‥‥‥‥‥‥‥‥‥70
接地線の種類‥‥‥‥‥‥‥‥‥‥‥‥‥70
線間電圧‥‥‥‥‥‥‥‥‥‥‥‥‥‥‥59

そ

造営物‥‥‥‥‥‥‥‥‥‥‥‥‥‥‥‥61
想定最大張力‥‥‥‥‥‥‥‥‥‥‥‥‥81

た

第1次接近状態‥‥‥‥‥‥‥‥‥‥‥‥81
第2次接近状態‥‥‥‥‥‥‥‥‥‥‥‥81
第1種電気工事士‥‥‥‥‥‥‥‥‥‥‥23
第2種電気工事士‥‥‥‥‥‥‥‥‥‥‥23
耐火性‥‥‥‥‥‥‥‥‥‥‥‥‥‥‥‥62
対地電圧の制限‥‥‥‥‥‥‥‥‥‥‥‥88
太陽電池モジュールの施設‥‥‥‥‥‥‥75

ち

地中電線等による他の電線および工作物への危
　険の防止‥‥‥‥‥‥‥‥‥‥‥‥‥‥45
地中電線の接近または交差‥‥‥‥‥‥‥85
地中電線路の施設方法‥‥‥‥‥‥‥‥‥84
地中電線路の保護‥‥‥‥‥‥‥‥‥‥‥46
地絡事故時の金属製外箱の電圧‥‥‥‥ 113
地絡に対する保護措置‥‥‥‥‥‥‥‥‥52
地絡に対する保護対策‥‥‥‥‥‥‥‥‥40
地絡保護‥‥‥‥‥‥‥‥‥‥‥‥‥‥ 133
着雪時風圧荷重‥‥‥‥‥‥‥‥‥‥‥ 116
中性点接地式電路の1線地絡電流‥‥‥ 112
中性点非接地回路の1線地絡電流‥‥‥ 111
調整池式水力発電所‥‥‥‥‥‥‥‥‥ 161

調相設備‥‥‥‥‥‥‥‥‥‥‥‥‥‥‥35
直接埋設式‥‥‥‥‥‥‥‥‥‥‥‥‥‥84
直列リアクトル‥‥‥‥‥‥‥‥‥‥‥ 142
貯水池式水力発電所‥‥‥‥‥‥‥‥‥ 161

て

低圧‥‥‥‥‥‥‥‥‥‥‥‥‥‥‥‥‥35
低圧屋内配線の種類‥‥‥‥‥‥‥‥‥‥94
低圧架空引込線の施設方法‥‥‥‥‥‥‥84
低圧幹線‥‥‥‥‥‥‥‥‥‥‥‥‥‥‥89
低圧幹線と分岐回路‥‥‥‥‥‥‥‥‥‥89
低圧電線路の絶縁性能‥‥‥‥‥‥‥‥‥43
低圧電線路の絶縁抵抗‥‥‥‥‥‥‥‥ 106
低圧電路の絶縁性能‥‥‥‥‥‥‥‥64, 106
低圧の電路の絶縁性能‥‥‥‥‥‥‥‥‥49
低圧分岐回路‥‥‥‥‥‥‥‥‥‥‥‥‥89
低圧保安工事‥‥‥‥‥‥‥‥‥‥‥‥‥82
低高圧架空電線路の架空ケーブル‥‥‥‥82
鉄損‥‥‥‥‥‥‥‥‥‥‥‥‥‥‥‥ 165
電圧・周波数の維持‥‥‥‥‥‥‥‥‥‥18
電圧の種別‥‥‥‥‥‥‥‥‥‥‥‥‥‥35
電気関係報告規則‥‥‥‥‥‥‥‥‥‥‥ 7
電気機械器具‥‥‥‥‥‥‥‥‥‥‥‥‥35
電気機械器具の熱的強度‥‥‥‥‥‥‥‥38
電気工作物の分類‥‥‥‥‥‥‥‥‥‥‥ 8
電気工事業法‥‥‥‥‥‥‥‥‥‥‥‥‥ 4
電気工事士法‥‥‥‥‥‥‥‥‥‥‥‥‥ 4
電気工事士法の目的‥‥‥‥‥‥‥‥‥‥22
電気工事に必要な資格‥‥‥‥‥‥‥‥‥23
電気事業者‥‥‥‥‥‥‥‥‥‥‥‥‥‥17
電気事業法‥‥‥‥‥‥‥‥‥‥‥‥‥‥ 4
電気事業法の目的‥‥‥‥‥‥‥‥‥‥‥14
電気事業用電気工作物‥‥‥‥‥‥‥‥‥ 4
電気使用場所‥‥‥‥‥‥‥‥‥‥‥‥‥60
電気設備技術基準の解釈‥‥‥‥‥‥‥‥ 7
電気設備による供給停止の防止‥‥‥‥‥40
電気設備の接地‥‥‥‥‥‥‥‥‥‥‥‥40
電気設備の接地の方法‥‥‥‥‥‥‥‥‥40
電気設備の電気的，磁気的障害の防止‥‥40
電気の使用制限‥‥‥‥‥‥‥‥‥‥‥‥18
電気用品‥‥‥‥‥‥‥‥‥‥‥‥‥‥‥27
電気用品安全法‥‥‥‥‥‥‥‥‥‥‥‥ 4
電気用品安全法の目的‥‥‥‥‥‥‥‥‥26
電車線‥‥‥‥‥‥‥‥‥‥‥‥‥‥‥‥35
電線‥‥‥‥‥‥‥‥‥‥‥‥‥‥‥‥‥34
電線の混触の防止‥‥‥‥‥‥‥‥‥‥‥45
電線の接続‥‥‥‥‥‥‥‥‥‥‥‥‥‥38
電線の接続法‥‥‥‥‥‥‥‥‥‥‥‥‥62
電線路‥‥‥‥‥‥‥‥‥‥‥‥‥‥‥‥35

電動機の過負荷保護……………………52		不等率………………………………………149	
電力用コンデンサ………………………142		不燃性…………………………………………62	
電路………………………………………………34		分散型電源……………………………………92	
電路の絶縁……………………………38, 63			
展開した場所……………………………………62		**へ**	
点検できない隠ぺい場所…………………61		丙種風圧荷重………………………………116	
点検できる隠ぺい場所……………………62		変圧器の効率………………………………166	
点検の種別……………………………………135		変圧器の最高効率…………………………165	
		変圧器の全日効率…………………………166	
と		変圧器の損失………………………………164	
銅損………………………………………………165		変電所……………………………………………35	
特種電気工事資格者………………………23			
特定電気用品……………………………………27		**ほ**	
特別高圧…………………………………………35		ポリ塩化ビフェニル…………………………41	
		保安監督範囲……………………………………17	
な		保安規程……………………………………4, 16	
流込式水力発電所…………………………160		保安原則…………………………………………38	
難燃性……………………………………………62		保安工事…………………………………………82	
		保安工事の施設方法…………………………83	
に		保護協調………………………………………133	
日負荷曲線……………………………………150			
認定電気工事従事者………………………23		**む**	
		無線設備…………………………………………52	
ね			
燃料電池の施設………………………………75		**よ**	
		用語の定義……………………………34, 59, 81	
は			
配線………………………………………………35		**り**	
配線の使用電線………………………………49		力率……………………………………………150	
発電機等の機械的強度………………………46		力率改善………………………………………155	
発電機の保護装置……………………………74			
発電所……………………………………………35		**A**	
発電所等への取扱者以外の者の立入の防止…43		A 種接地工事……………………………………68	
		B	
ひ		B 種接地工事……………………………………68	
ひずみ波………………………………………140		B 種接地工事の接地抵抗値………………111	
光ファイバケーブル…………………………35		**C**	
光ファイバケーブル線路……………………35		C 種接地工事……………………………………68	
引込線……………………………………………61		**D**	
非常用予備電源の施設………………………50		D 種接地工事……………………………………68	
避雷器等の施設………………………………67			
ふ			
風圧荷重の種別………………………………115			
風圧荷重の適用区分…………………………116			
風力発電…………………………………………77			
負荷持続曲線…………………………………152			
負荷率…………………………………………149			
複合ケーブル……………………………………61			

193

渡辺　浩司
●著者略歴
1987 年　明治大学工学部電気工学科卒業
　　　　　名古屋鉄道㈱入社
1991 年　第三種電気主任技術者試験合格
1996 年　第二種電気主任技術者試験合格
2003 年　㈱メイエレックへ出向
2004 年　第一種電気主任技術者試験合格
2005 年　技術士試験（電気電子部門）合格
2006 年　技術士試験（総合技術監理部門）合格

© Hiroshi Watanabe　2013

電験 3 種合格への道 123　法規
2013 年 9 月 2 日　第 1 版第 1 刷発行
2013 年 10 月 1 日　第 1 版第 2 刷発行

著　者　渡辺　浩司
発行者　田中　久米四郎
発　行　所
株式会社　電気書院
www.denkishoin.co.jp
振替口座　00190-5-18837
〒 101-0051
東京都千代田区神田神保町 1-3 ミヤタビル 2F
電話　(03)5259-9160
FAX　(03)5259-9162

ISBN978-4-485-11924-2　C3354　　　　　日経印刷株式会社
Printed in Japan

◆万一，落丁・乱丁の際は，送料当社負担にてお取り替えいたします．
◆正誤のお問合せにつきましては，書名を明記の上，編集部宛に郵送・FAX
 (03-5259-9162) いただくか，当社ホームページの「お問い合わせ」をご
 利用ください．電話での質問はお受けできません．正誤以外の詳細な解説・
 受験指導は行っておりません．

JCOPY〈(社)出版者著作権管理機構　委託出版物〉

本書の無断複写（電子化含む）は著作権法上での例外を除き禁じられて
います．複写される場合は，そのつど事前に，(社)出版者著作権管理機構
（電話：03-3513-6969，FAX：03-3513-6979，e-mail：info@jcopy.or.jp）の
許諾を得てください．
また本書を代行業者等の第三者に依頼してスキャンやデジタル化するこ
とは，たとえ個人や家庭内での利用であっても一切認められません．

多くの受験者に大好評の書籍

平成25年版 電験第3種 過去問題集

電験問題研究会 編
B5判／1109ページ　定価2,520円（5％税込）
ISBN978-4-485-12123-8

平成24年から平成15年まで
10年間の全問題・解説と解答

科目ごとに新しい年度の順に編集．
　各科目ごとの出題傾向や出題範囲の把握に役立ちます．また，各々の問題に詳しい解説と，できるだけイメージが理解できるよう図表をつけることにより，解答の参考になるようにしました．
　学習時にはページをめくることなく本を置いたまま学習できるよう，問題は左ページに，解説・解答は右ページにまとめてあります．
　本を開いたままじっくり問題を分析することも，右ページを付録のブラインドシートで隠すことにより，本番の試験に近い形で学習できます．

過去問徹底攻略
- 学習しやすい見開き構成
- 解説・解答部を隠せるブラインドシート付き
- 多くの図表でイメージがつかめる

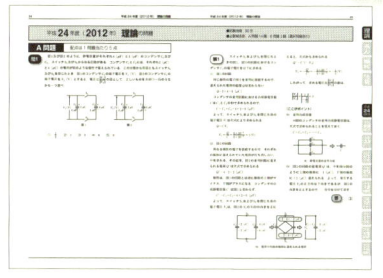

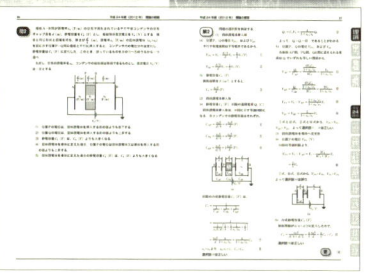

この書籍は，毎年，当年の試験問題を収録した翌年の試験対応版が発行されます．過去問題の征服は合格への第一歩．新しい問題集で学習されることをお勧めします．
（表示しているコード，ページ数は毎年変わります．価格は予告なしに変更することがあります）

全国の書店でお求めいただけます．電話・FAX・ホームページにてもお申し込みいただけます．
ご注文1回につき送料が300円かかります．
電気書院　営業部　TEL：03-5259-9160　FAX：03-5259-9162　ホームページ：http://www.denkishoin.co.jp/

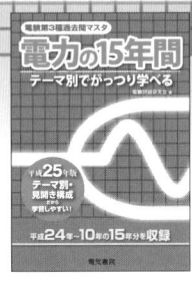

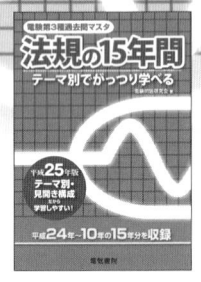

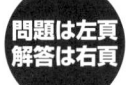

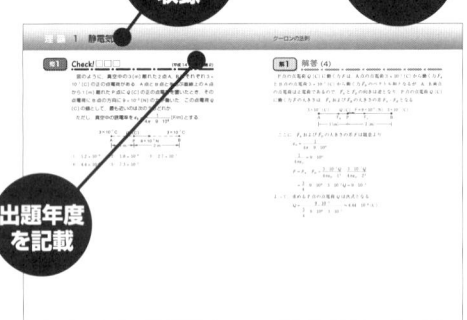